섬강은 어드메뇨 치악이 여기로다

알려드립니다 ___

본문의 일부 이미지는 문화재청, 원주시, 《한국근현대사전》, 《문막읍사》, 〈가톨릭신문〉, 네이버 블로그 bbongh0357님 등의 자료를 인용(사진설명에 표기)했으며, 나머지 이미지는 원주시 걷기여행길안내센터에서 제공해준 이미지와 저작자의 자료입니다

원주 '굽이길' 역사 인물과 문화유적 답사기

섬강은 어드메뇨 치악이 여기로다

초판 1쇄 인쇄일	2021년 7월 23일
초판 1쇄 발행일	2021년 7월 30일

글·사진	김영식
펴 낸 이	최길주

펴 낸 곳	도서출판 BG북갤러리
등록일자	2003년 11월 5일(제318-2003-000130호)
주소	서울시 영등포구 국회대로72길 6, 405호(여의도동, 아크로폴리스)
전화	02)761-7005(代)
팩스	02)761-7995
홈페이지	http://www.bookgallery.co.kr
E-mail	cgjpower@hanmail.net

ⓒ 김영식, 2021

ISBN 978-89-6495-221-4 03980

원주 '굽이길' 역사 인물과 문화유적 답사기

섬강은 어드메뇨 치악이 여기로다

김영식 글·사진

북갤러리

굽이길에 깃든
역사와 삶의 이야기를
함께 나누는 소중한 시간이 되기를…

걷기 여행이 주는 기쁨 중 하나는 반복되는 일상에서 벗어나 새로운 경험과 특별한 감성을 느끼는 데 있다. 길 위에서 무엇인가 새롭게 느끼고 배우고 체험하면서 내 안의 또 다른 '나'를 발견할 수 있는 기회가 되기도 한다.

원주의 땅을 거닐며 만나는 돌멩이 하나, 풀 한 포기, 흙 한 줌에도 소박한 삶의 체취와 역사의 숨결이 서려 있음을 확인하곤 한다. 또한 길을 걸으며 그 길에 깃든 온갖 세상살이의 사연과 오랜 시간이 쌓인 소중한 문화유산을 만나는 것은 분명 행복한 일이다.

원주 굽이길은 '사람과 자연이 만나는 천 리 도보여행'이라는 슬로건으로, 길을 걸으면서 심신을 치유하고, 나를 찾으며, 소박한 삶의 체취와 역사의 숨결을 느낄 수 있도록 곳곳마다 코스를 선정하여 운영하고 있다. 제주 올레길, 해파랑길, 부산갈매길 등 바다를 끼고 있는 길이 섬세하고, 여성스러운 길이라면, 원주 굽이길은 거칠고, 투박한 남성스러운 길로서, 사계절이 뚜렷한 팔색조 매력을 보여주고 있다.

아름다운 원주 굽이길을 두 발로 오롯이 걸어 완보하고 그 길을 따라 펼쳐진 원주의 역사 인물과 유적에 얽힌 다양한 이야기를 한 권의 책으로 만들어준 작가에게 진심으로 감사와 응원의 박수를 보낸다.

앞으로 원주 '굽이길'을 통해 걷기 여행을 사랑하는 많은 사람들이 원주의 소중한 문화유산의 의미를 살피고 그 안에 깃든 역사와 삶의 이야기를 함께 나누는 소중한 시간이 되기를 기대한다.

2021년 7월

사단법인 한국걷기협회 회장 **김인호**

굽이길에 잠들어 있는
선조들의 진면목을 알리는 데
도움이 되었으면…

모두가 길에서 볼거리와 먹을거리에 매달릴 때 '이야깃거리'라는 신대륙을 발견했다. 모두가 '이름난 길'에 매달릴 때 역사의 바다에서 '인물과 유적'을 찾아내 길 걷기 문화의 판도를 바꿔보고 싶었다. 우리 사회는 '이름난 길'에 대한 환상이나 고정관념이 너무 심하다. 고정관념을 조금만 바꿔도 세상과 사람이 달리 보인다.

원주는 조선왕조 5백년 강원감영이 있었던 역사의 고장이다. 어디 가나 역사인물과 문화유적으로 차고 넘친다. 길에는 조상들의 숨결과 발자취가 깃들어 있다.

지난 1년 반 굽이길 곳곳에 잠들어 있는 역사 인물과 문화유적을 찾아서 홀로 산과 숲과 강을 쏘다녔다. 가시덤불에 구르기도 했고, 막차를 놓치기도 했다. 차가 배수로에 빠져 낑낑대기도 했고, 산에서 내려오다 발을 헛디뎌 팔목을 삐기도 했다. 대학도서관도 찾았고, 배론성지도 찾았다. 역사박물관도 찾았고, 한지문화관도 찾았다. 원주 얼교육관과 중천 철학도서관 인문학 강의도 큰 도움이 되었다. 《조선상고사》, 《뜻으로 본 한국 역사》 등 많은 역사서를 펼치며 고인의 나라 사랑, 역사 사랑에 가슴이 뭉클했다.

　잠들어 있던 선조들은 천천히 일어나 문을 열어주었다. 신림 석남사에서는 궁예를 만났고, 견훤산성에서는 견훤을 만났다. 건등산에서는 왕건을 만났고, 현충탑에서는 순국선열을 만났다. 간현에서는 인조반정 주역 이괄을 만났고, 조엄은 고구마를 건네주며 흙 묻은 손을 내밀었다. 김제남은 절절한 사연을 오래 털어놓았다. 신라와 고려를 통째로 넘겨준 경순왕과 공양왕은 못다한 이야기를 털어놓았다. 생육신 원호는 오랜만에 활짝 웃었다. 천재 시인 이달과 백두산정계비 박권은 할 말이 많은 듯했다. 법천사 장뜰과 숯가마 골에서는 장을 담그고 숯을 구우며 생계를 이어가던 마을 사람들의 목소리가 들려왔다. 흥원창에서는 세곡을 싣고 개경으로 향히는 뱃사공의 걸쭉한 노랫소리가 들려왔다.

　길 위의 인물과 유적에 집중하다보니 아름다운 풍광이나 넉넉한 인심을 담아내지 못했다. 아쉬움으로 남는다.

　책이 나오기까지 많은 분이 도와주었다. 인문학 강의를 통해서 원주의 역사에 눈뜨게 해준 원주 출신 작가 홍인희 선생, 전 원주역사박물관장 이동진 선생, 문화관광해설사 목익상 선생, 원주 얼교육관 김대곤 팀장께 머리숙여 감사한 마음을 전한다. 수요 걷기 회원의 응원은 비타민이요, 버팀목이었다. 그들은 걸을 때마다 밥과 술과 기도로 원기를 북돋워 주었다. 원주시 걷기여행길안내센터 전덕수, 이강토, 원기표 팀장은 생생한 현장 사진과 자료를 제공해주었다. 출간에 이르기까지 필자의 까탈스러운 요구를 넉넉하게 받아준 〈북갤러리〉 최길주 대표의 노고도 잊을 수 없다. 책이 많이 팔려 어려운 살림살이가 활짝 피어났으면 좋겠다. 가까이에서 칭찬과 쓴소리를 아끼지 않았던 오랜 벗이자 평생 동지인 아내에게도 고마운 마음을 전한다.

미욱하고 부족한 필자의 글이 원주의 역사와 굽이길에 잠들어 있는 선조들의 진면목을 알리는 데 도움이 되었으면 좋겠다.

2021년 여름
치악이 물결치는 창가에서
김영식 쓰다.

차례

원주 굽이길 구간별 개요

구간	길 이름	코스	거리 (km)	인물 및 유적
1	배부른산길	원주시청~배부른산~동아ST 원주지점	6.3	박건호, 봉화산
2	700년노송길	충정교회~갈거리사랑촌~매지임도	18.8	천주교 대안리공소, 연개소문, 운산 태실
2-1	천마산길	승안동~천마산~문막시장 버스정류장	12.9	김충렬, 박권, 이종숙
3	회촌달맞이길	매지임도~연세대~삼미막국수	16.2	박경리
4	꽃양귀비길	삼미막국수~서곡리~관설초등학교	12.0	원호, 이응순, 이응인
5	버들만이길	관설초등학교~한국관광공사~ 새벽시장	14.3	혁신도시
6	호국의 길	새벽시장~흥양천~호저면행정복지센터	15.4	현충탑, 민긍익, 이은찬, 원용팔
7	고바우길	호저면행정복지센터~호저어린이집~간현주차장	19.4	원충갑
8	태조왕건길	간현주차장~건등산~문막체육공원	14.0	간현출렁다리, 이팔, 김제남, 흥법사터, 건등산
9	흥원창길	문막체육공원~흥원창~법천소공원	15.7	흥원창, 인열왕후, 견훤산성
10	천년사지길	법천소공원~거돈사지~미덕슈퍼	17.5	법천사터, 이달, 유방선, 정시한, 임경업, 공양왕, 거돈사터, 단강초등학교 느티나무
11	부귀영화길	미덕슈퍼~용화사~귀래면행정복지센터	13.4	용화사, 경천묘, 미륵산
12	뱃재넘이길	귀래면행정복지센터~배재~화당초등학교	16.7	배재
13	구력재길	화당초등학교~구력재~석동종점	11.4	구학산, 배론성지
14	용소막성당길	석동종점~금창리~신림소공원	16.6	용소막성당, 선종완, 신림역
15	싸리치옛길	신림소공원~싸리치~소야마을	18.1	싸리치, 성황림, 찰방치, 석남사터
16	황둔쌀찐빵길	소야마을~중골전망대~황둔 버스정류장	14.1	섬안이둑길

※ 원주 굽이길 공식 이동 경로에서 떨어져 있는 인물이나 유적지는 빨간색으로 표기하였음. 13구간 배론 성지는 제천시 봉양읍에 있으나 천주교 원주교구 관할 지역임. 15구간 석남사터는 궁예가 삼국통일을 꿈꾸며 군사를 이끌고 출정한 곳임.

박건호를 아십니까?

산길에서 그를 만난 건 우연이었다. 그는 어딜 가느냐고 물었다. 내가 멈칫거리자, 그는 환하게 웃으며 명함을 내밀었다.

그즈음 나는 어디 걸을 만한 데가 없는지 찾아다니고 있었다. 뭔가 긴 호흡으로 천천히 걸을 수 있는 곳이 필요했다. 그는 매주 굽이길을 걷고 있으니 함께 걷자고 했다. 집으로 돌아오자 마치 기다렸다는 듯이 멀리 사는 선배한테 전화가 걸려 왔다. "원주에 가려고 하는데 치악산 말고 어디 갈 만한 데가 있으면 추천해 달라"는 것이었다. 딱히 생각나는 곳이 없었다. 잠시 머뭇거리자 선배는 "홍원창과 거돈사지를 가려고 하는데 안내해 줄 수 있겠냐?"는 것이었다. 그는 내가 책도 몇 권 내고 원주에 살고 있으니 믿는 눈치였다. 난감했다.

일단 오라고 하고 전화를 끊자, 지켜보고 있던 아내가 한마디 했다. "당신은 백두대간이나 바우길은 잘도 걷고 글도 쓰면서, 원주에 대해서는 아는 게 없으니. 이번 기회에 원주의 역사 인물과 유적을 찾아보고 글을 한 번 써 보세요. 원주에도 무슨 길이 있다고 하던데……."

원주 굽이길 홈페이지를 열었다. 대안리 공소, 흥원창, 법천사지, 거돈사지, 토지문화관, 건등산, 배재, 김제남, 원호, 원충갑, 조엄, 박권, 이종숙, 민긍호, 경순왕, 왕건, 궁예, 견훤산성……. 눈이 휘둥그레졌다. 원주 굽이길은 별처럼 많은 문화유적과 역사 인물을 품고 유유히 흘러가는 '장강(長江)'이었다.

원주는 수많은 역사 인물이 나타났다 사라져간 한국사의 중심 무대였다. 조선왕조 500년(1395년~1895년) 강원감영이 있었던 수부도시였고, 백제, 고구려, 신라가 차례로 각축장을 벌였던 군사 요충지였다. 고구려 장수왕은 평원군(平原郡), 신라 진흥왕은 북원소경(北原小京)이라 하였다. 통일신라시대 북원경(北原京)을 거쳐, 고려 태조 23년(940) 원주목(牧)이 되었다. 일신현(一新縣), 정원도호부, 익흥도호부, 성안부(成安府) 등으로 부침을 거듭하다가 공민왕 때 다시 원주목이 되었다. 조선시대에도 원주목과 원성현을 반복하다가 고종 때 충주부 소속 원주군이 되었다. 원주에는 옛 지명을 본뜬 이름이 많다. 평원초등학교와 평원중학교, 북원여고, 평원로, 북원로…….

원주는 사통팔달(四通八達) 교통 중심지였다. 한양에서 강릉, 평해를 잇는 관동대로와 문경새재, 동래를 잇는 영남대로가 지나는 길목이었고, 개경과 한양에서 물길 따라 사람과 물자가 오갔던 물류 중심지였다. 조선 후기 실학자 이중환(1690~1752)은 《택리지(擇里志)》 '팔도총론'에서 "원주는 영월의 서쪽에 있고 감사(監司)가 다스리는 곳이다. 서쪽으로 250리 떨어져 한양이 있다. 동쪽은 높은 고개와 산협(山峽)에 연하였고, 서쪽은 지평현(砥平縣 : 양평)에 인접해 있다. 산골짜기 사이에 고원부지가 열려서 맑고 깨끗하며 험준하지 않다. 영동과 경기 사이에 끼어 동해의 어염(漁鹽), 인삼, 관곽(棺槨), 궁전에 쓰이는 재목 등이 운반되는 도내 중심지이다. 산협이 가까우므로 무슨 일이 생길 때에는 피하여 숨기 쉽고, 한양이 가까워 편안할 때는 벼슬살이가 편리하여 한양의 사대부들이 원주에 살기를 즐겨하였다"고 했다.

원주사람 기질은 어떨까? 조선 전기 문인 성현(成俔)은 《기강릉원주풍속(記江陵原州風俗)》에서 "관동에 큰 고을은 오직 원주와 강릉인데 두 고을 사이에 도로는 멀지 않지만 풍속은 크게 다르다. 원주사람은 출생한 날부터 부모가 한 말의 곡식을 주어서 재물과 곡식으로 자본으로 삼게 하고, 해마다 이자를 취하게 하며, 한 톨의 벼 껍질같이 작은 것도 만금(萬金)처럼 여기게 했다. 새벽이 되어 밭갈기와 김매기를 시작하면 해가 저물어서야 돌아왔다. 이웃끼리 모여서 마시지도 않으며 사위를 볼 때도 부지런하고 검소하며 아끼는 사람을 사위로 맞아들였다. 그러므로 원주 고을에는 높은 담과 큰 집이 많고 가난한 사람이 없었다"고 했다.

원주사람은 나라가 위기에 처했을 때 떨쳐 일어나 맞서 싸웠던 올곧은 기질도 있다. 고려 때 원주로 쳐내려온 합단적을 맞아 영원산성에서 십여 차례 전투 끝에 몽고군을 몰아냈던 원충갑 장군이 있고, 고려왕조에 대한 절의를 지키며 평생 숨어 살았던 태종 이방원 스승 운곡 원천석도 있다. 단종이 폐위되자 벼슬을 버리고 고향으로 돌아와 생을 마감했던 생육신 관란 원호가 있고, 임진왜란 때 성안에서 백성과 한 덩어리가 되어 싸우다 전사한 목사 김제갑도 있다. 1907년 일제의 군대해산에 반발하여 의병을 일으켰던 의병장 민긍호가 있

고, 1970~80년대 민주화 운동을 이끌었던 지학순 주교와 무위당 장일순 선생
도 있다. 대하소설 《토지》 작가 박경리 선생이 18년간 머무르며 4, 5부작을 마
무리했던 단구동 옛집도 있다.

원주 굽이길은 전체 30개 구간 400km로서 17개 편도구간과 13개 원점회귀
구간으로 이루어져 있다. 치악산 둘레길 11개 구간 140km와 연결되어 '걷기
메카'로 떠오르고 있다.

첫 구간은 시의회 주차장에서 봉화산과 배부른산을 지나 동아ST 원주지점에
이르는 약 6.3km 산길이다. 일요일 새벽 산길로 들어서자 싱그러운 풀 냄새에
심신이 화들짝 깨어난다. 도심 한가운데 언제든지 오를 수 있는 산이 있다는 건
축복이다. 봉화산과 배부른산은 '건강 도시 원주'의 상징이자 누구든지 마음만
먹으면 쉽게 오를 수 있는 시민의 산이다.

봉화산을 빙 돌아 배부른산으로 향했다. 박건호(1949~2007) 시비(詩碑)가 서
있다. 박건호가 누군가? 우리는 가수 이름은 알아도 작곡가나 작사가 이름은
모른다. 원주에는 천재 작사가 박건호가 있다. '박건호 공원'도 있고 매년 '박건
호 가요제'도 열린다.

박건호는 1949년 2월 19일 원주시 흥업면 사제리에서 태어났다. 호는 토우
(土偶), 흥업초등학교와 원주중학교, 대성고등학교를 졸업했다. 1972년 박인희
의 '모닥불'을 시작으로, '단발머리', '아, 대한민국', '잃어버린 30년', '우린 너
무 쉽게 헤어졌어요', '빙글빙글', '내 곁에 있어주', '잊혀진 계절' 등 7~80년대
수많은 히트곡을 냈다. 시집으로 《영혼의 디딤돌》, 《그리운 것은 오래전에 떠

박건호 선생 표정이 살아있는 듯 생생하다.

났다》가 있고, 에세이집 《나는 허수아비》, 《오선지 밖으로 튀어 나간 이야기》, 《콩나물에 뿌린 물빛 사랑》이 있다.

　그는 원래 시인이 되고자 했던 문학청년이었다. 고교 졸업 후 서울에서 친구집을 옮겨 다니며 시를 써서 마포구 공덕동에 있던 미당 서정주 선생 댁을 찾아갔다. 그는 원고를 불쑥 내밀며 추천사를 써 달라고 했다. 뭘 모르면 용감하다고 했던가? 문단 어른이었던 미당은 스물한 살짜리 새파란 청년의 청을 받아들여 첫 시집 《영혼의 디딤돌》에 추천사를 써 주었다.

　미당은 추천사에서 당시를 이렇게 회고했다.

　으스스한 겨울 저녁때, 잠자기도 싫고, 술도 먹기 싫고, 책도 귀찮아, 우두커니 앉았는데, 누가 뜻밖에 들어서서 인사하니, 그는 강원도 원주에서 올라온 스물한 살짜리 박건호라는 청년으로 눈썹이 고운 청년이었다. 그는 나한테 그의 처음 시집 교정 종이를 내보이며 자기는 순 한글로 시를 쓰는 사람이니 머리말도 역시 순 한글로 써달라고 해서 그러마 하고, 나는 내리막길에 있는 사람이니 자네들의 뒤는 아무래도 잘 해주어야 겠다고 했다. 그를 돌려보내고 맡긴 것을 쭉 훑어보니 아래와 같은 구절이 제일 마음에 남았다. '바람이여 / 옛것들은 말짱히 씻어 냈어도 / 아직은 남아있는 나의 가정'('계보' 중에서)……. 또 다른 어떤 구절이 또 잠시 나를 주춤거리게 했다. '해마다 이끼를 긁으러 오는 사람들……. 기와를 깬다고 / 증조할머니 역정은 / 배부른산 정기 노하듯 / 고요한 대청을 쩌렁쩌렁 울리더니. ('청이끼하고 살 테야' 중에서)

지금도 그렇지만 시인이 되려면 주요 일간지 신춘문예에 입선하거나 문단 선배의 추천을 받아 문학잡지를 통해서 등단하는 게 관행이었다. 그런데 스물한 살짜리 촌놈이 겁 없이 시집을 펴냈으니 곱게 볼 리가 있겠는가? 박건호는 문단에 찍혔다. 문단은 강고했고, 문은 열리지 않았다. 2년 후 박건호는 시 쓰는 일에 회의를 느끼고 노랫말을 쓰기 시작했다. 무엇보다 먹고사는 일이 급했다. 그는 《나는 허수아비》 189쪽에서 이렇게 말했다.

미당 서정주 시인의 서문으로 《영혼의 디딤돌》을 출간했으나 문단에서는 인정해주지 않았고, 미당이 골라준 작품으로 신춘문예에 응모했지만, 예선에도 들지 못했다. 몇 군데 문예지에 작품을 보냈지만, 소식이 없었다. 청진동에 있는 '창작과 비평사'에 작품을 들고 갔더니 당시 주간으로 있던 신동문 시인이 "시와 무관한 생활을 2년쯤 해보는 게 어떻겠느냐?"고 했다. 나는 그 말을 '너는 문학에 재능이 없으니 포기하라'는 말로 알아들었다. 또 하나는 가난이었다. 내가 문학에 미쳐 다니는 동안 흑석동 셋방에서는 남동생과 막내 여동생이 굶고 있었다. 안집에서는 돈 한 푼 빌려주지 않았고, 집 앞 가게에서는 라면 한 봉지도 외상으로 주지 않았다. 눈물이 핑 돌았다. 시를 쓴다는 사실이 위선인 것 같았다. 아무도 인정해주지 않는 문학, 돈도 되지 않는 문학은 그만두기로 했다. 나는 문학과의 싸움에서 휴전을 선언하고 돈이 될 수 있는 대중가요 가사를 쓰기 시작했다.

선택은 적중했다. 노랫말은 대박을 터뜨리며 인기와 돈방석에 올라앉았다. 1972년 박건호가 작사가로 이름을 알리게 된 '모닥불'에 사연이 있다. 그는 같은 책에서 사연을 길게 털어놓았다.

무위도식하던 나는 시인이 되기 위해 문단의 이곳저곳을 기웃거리고 있었다…….돈도 없고, 빽도 없는 촌뜨기 문학도는 여관방에서 다른 사람들이 코를 고는 사이 어떤 추억 하나를 끄집어냈다. 고등학교 시절 만리포에서 가졌던 흥사단 여름 수련회 여운이었다. 수련회 마지막 날 모래밭에 장작더미를 쌓아놓고 휘발유를 뿌린 다음 불을 질렀다. 순식간에 타오르는 모닥불은 만리포의 어둠을 다 태워 버리는 것 같았다. 둘레에 모여있던 대학생, 고등학생 백여 명은 와~ 하고 함성을 질러댔다. "모닥불 피워놓고 마주 앉아서 우리들의 이야기는 끝이 없어라." 그러나 이 한마디의 구절 속에 내 반생의 그림자가 숨어 있을 줄 누가 알았던가. 나는 이 작품을 노래로 만들고 싶은 생각이 들었다……. 처음 원했던 가수는 양희은이었다. 양희은은 처음 음반을 내준 회사와 의리 문제로 녹음을 하기 어려웠다. 차선책으로 은희를 생각했다. 나는 그녀의 집으로 전화를 걸었다. 그녀는 사무실로 찾아오겠다고 하면서 한 달이 되도록 나타나지 않았다. 우리는 새 가수를 물색하기 시작했다. 그 과정에서 '뚜아에 모아' 출신 박인희를 생각했다.

모닥불이 대박을 터뜨릴 줄 알았더라면 양희은과 은희가 곡을 받겠다고 나섰을 텐데, 앞일은 알 수 없다. 박건호는 '모닥불'을 들고 당시 〈동아방송〉 '3시의

베부른산 시비(청이끼하고 살 테야)

다이얼' 프로그램을 진행하던 박인희를 찾아갔다. 박건호는 절박했다. 셋방에서 굶고 있는 동생을 떠올렸고, 애써 쓴 시를 배척했던 '문단 권위주의'를 떠올리며 절치부심했다. 박인희는《콩나물에 뿌린 물빛 사랑》52쪽~58쪽에서 박건호를 처음 만나던 날을 이렇게 회상했다

1970년 초로 기억한다. 그해 겨울은 유난히도 추웠다. 방송이 끝나고 현관 앞을 막 나서는데 한 청년이 조심스럽게 복도 의자에서 일어섰다. 그 추운 겨울날 그는 외투도 입지 않고 나를 찾아왔다. 첫인상이 몹시 추워 보였다. "안녕하세요 박인희 씨." 첫 만남이지만 목소리는 서먹서먹하지 않고 구김살이 없었다. "제 친구와 저는 박인희 씨를 무척 좋아하는데요, 제가 글을 쓰고 제 친구가 작곡을 했어요. 이 노래는 박인희 씨를 위해 만든 작품인데요. 저희들의 꿈이 박인희 씨 목소리로 이 노래를 들어보았으면 하는 것입니다……." 그해 겨울 외투도 없이 찾아온 그 추위도 아랑곳하지 않고 나에게 마음을 열어주었다. 방송국 앞에 있는 조그만 찻집에서 두 청년은 두 사람의 작품을 담

은 악보를 내게 주었다.

박인희는 '쾌히 승낙하지는 않았지만 어쨌든 음반을 내기로 약속'했다. 발표한 지 1년 후 '모닥불'은 대박을 터뜨렸다. 원주에서 올라온 스물네 살 청년은 가요계에 떠오르는 별이 되었다. 박건호는 《나는 허수아비》 207쪽에서 "처음 판이 나왔을 때 어느 선배 작사가는 '애들 장난 같은 작품'이라고 했다. 그러나 그것이 내 대표작이 되었다. 평생 죽어라 작품을 썼지만 이십 대 초에 쓴 그 작품을 능가하지는 못하는 것 같다"고 했다. 경험이 많다고 모두 고수는 아니다. 작품을 알아보는 눈을 가진 자가 제대로 된 고수다. '애들 장난 같은 작품'이라고 취급도 하지 않던 작품이 대박을 터뜨렸다. 성공 경험은 지혜의 원천이 되기도 하지만, 때로는 시대 흐름을 읽지 못하고 고집을 부리다가 자충수를 두기도 한다.

박건호가 처음부터 잘 나간 것은 아니었다. 모진 세월이 있었다. 그는 살아오면서 만난 사람들에 대해 같은 책 72쪽에서 섭섭했던 속내를 풀어냈다.

나는 고교시절 훈육선생님에게 극장 한 번 갔다가 무기정학 당한 이후 불량학생으로 분류되어 학창시절 내내 억울함을 가슴에 품고 지냈다. 서울로 올라갔지만, 원주에서 올라온 시골뜨기 시인 지망생을 인간 대접해 주는 사람은 없었고, 작품료를 쥐꼬리만큼 주는 제작자만 있었다. 내가 병으로 쓰러지자 면회를 오지 않거나 득실에 따라 전화를 가려 받는 친구, 좋은 성인가요는 왜 만들지 않느냐고 비판하면서도 CD는 사지 않는 주부 등 섭섭한 사람들은 끝이 없었다.

섭섭했던 마음도 잠시, 그는 나이를 먹고 큰 수술을 받으면서 세상과 사람들에게 감사하게 된다. 같은 책 77~78쪽에 유언장 같은 말이 나온다.

그때 나는 비로소 나를 돌아보았다. 노는 것인지 일하는 것인지 모르게 보낸 가요계 25년이었다. 내가 잃어버린 모든 것을 찾아주기 위해 신이 나를 쓰러뜨렸을지도 모른다고 생각했다……. 1994년 결정적인 타격을 입었다. 생고기를 먹은 것이 잘못이었다. 보름 동안 설사 끝에 만성신부전이 악화하여 죽음의 문턱까지 가게 되었다……. 투석을 하면서 구차한 생명을 연명해야 했다……. 하늘이 무너져도 솟아날 구멍이 있다고 했던가. 뜻밖에 신장이식 수술을 받게 되었다. 스물일곱 살 청년이 신장을 기증해 주었던 것이다……. 나는 세상이 다른 색깔로 변하는 것을 보았다. 좋은 생각으로 세상을 보고 좋은 생각으로 글을 써야 한다는 관점에서 문득 돌아본 나의 지난날은 결코 섭섭한 사람들의 집합소는 아니었다. 일복이 없다고 생각했던 나는 어느 청년의 장기(콩팥) 기증으로 새 생명을 얻었다. 돌아보니 고마운 사람들이 한둘이 아니었다. 모두가 따뜻한 사람들이었고 너무도 소중한 순간들이 많았다. 이렇듯 어떻게 바라보느냐에 따라 세상은 얼마든지 달라지는 것이 아니었든가.

박건호가 만드는 노랫말마다 대박 행진을 이어간 것 같지만 알려지지 않은 에피소드가 많다. 그중 하나가 '잊혀진 계절'이다. '잊혀진 계절'을 부른 가수는 이용이지만, 처음 낙점한 가수는 장재현이었다. 박건호는《오선지 밖으로 튀어나온 이야기》에서 이 곡을 부른 가수가 장재현에서 이용으로 바뀌게 된 사연을 털어놓았다. '잊혀진 계절'은 장재현 몫으로 만들어준 첫 번째 선물이었다. 장재현은 1979년부터 박건호를 그림자처럼 따라다녔다. 목소리도 젊은 연인들의 가슴을 뒤흔들 만한 매력이 있었다. 박건호는 이왕이면 좋은 작품을 하나 더 만들어 음반을 내려고 차일피일 미루고 있었다. 그러다가 갑자기 쓰러졌다. 어릴 때부터 앓아오던 신장염이 재발한 것이었다. 장재현의 '잊혀진 계절' 취입은 뒤로 미뤄졌다. 박건호는 퇴원하자마자 취입을 서둘렀다. 그런데 문제가 생겼다. 그가 병원에 입원해 있는 동안 작곡가 이범희가 '잊혀진 계절'을 신인 가수 이용에게 준 것이었다. 이 사건을 계기로 박건호는 이범희와 한동안 결별했다.

이걸 보면 사는 게 억지로 안 되는구나 싶다. 아무리 도와주려 해도 운이 따르지 않으면 어쩔 수 없다. 박건호는 이범희에 대해 이렇게 말했다.

> 작곡가 이범희는 그룹에서 기타를 치고 있었다. 그룹을 하는 사람들의 속성은 자신의 실력과 돈이라는 관념을 깨뜨리지 못하는 데 있다. 그러나 유독 이범희만은 대우를 따지지 않고 닥치는 대로 일을 했다. 서울대 음대를 졸업한 이범희의 간판은 우리 가요계에 쉽게 어필이 되었다. 비록 히트곡은 없지만, 가요계의 모든 사람은 앞으로 큰 히트곡을 터뜨릴 수 있는 작곡가라고 생각했다. 1982년 이용이 부른 '잊혀진 계절'의 히트로 그는 일약 최고의 인기 작곡가로 부상했다. 작곡만 아니라 여기저기에서 돈을 긁어모으는 데도 남들이 따르지 못할 만큼 재주를 보이기 시작했다. 새 시대의 상업 작곡가로 성장할 수 있는 그의 모습을 나는 느꼈다.

비록 와곡하게 표현했지만, 그가 병원에 입원해 있는 동안 한마디 의논도 없이 신인가수에게 곡을 넘기고 인기와 돈방석을 차지한 이범희를 보며 느꼈을 상실감은 상상이 가고도 남는다. 박건호 작사, 이범희 작곡 '잊혀진 계절'은 1982년 〈MBC〉 올해의 최고 인기상, 1982년 〈KBS〉 작사부문 가요대상, 1983년 가톨릭 가요대상을 휩쓸었다. 세상은 총성 없는 전쟁터다. 일상은 고요한 듯하지만, 순간순간 이렇게 예기치 않은 곳에서 진검승부가 벌어진다.

박건호는 언제 어디에서 노랫말을 썼을까? "조용필이 부른 '단발머리'는 녹음실에서 썼고, '눈물의 파티'는 녹음실로 가는 차 안에서 썼다. 허림이 부른 '인어이야기'는 작곡가 김기웅과 스탠드바에서 술 마시다가 썼고, 설운도가 부른 '잃어버린 30년'은 한밤중에 납치되다시피 끌려가서 썼다"고 했다. "비가 오나, 눈이 오나, 바람이 부나, 그리웠던 삼십 년 세월 / 의지할 곳 없는 이 몸 서러워하며, 그 얼마나 울었던가요. 우리 형제 이제라도 다시 만나서……."

그냥 노랫말만 읽어봐도 마치 잃어버렸던 형제를 만나는 장면이 연상되지 않는가? 1983년 'KBS 남북이산가족 찾기'가 국민의 관심을 끌게 되자, 작곡가 남국연이 프로그램을 보다가 행사에 맞는 노래 가사를 만들어 달라고 박건호에게 요청했다. 그가

1983년 〈KBS〉 이산가족 찾기 방송(누가 이 사람을 아시나요)

"언제까지 만들어주면 되느냐?"고 했더니, "시간이 없다. 당장 내일 아침까지 만들어 달라"고 하며 끌고 갔다. 그가 밤새워 하루 만에 만든 가사가 설운도의 '잃어버린 30년'이다.

이런 일도 있었다. '아! 대한민국'이 발표되고 정수라는 신데렐라가 되었다. 어느 방송관계자는 "멜로디는 좋은데 가사가 개떡 같다"라고 했고, 어떤 사람은 "정부에 아부한 작품이 아닙니까? 그 노래를 만들고 어떤 혜택을 받았습니

까?"라고 했다. 그럴 때마다 박건호는 "백 년쯤 지난 다음에 봅시다. 그때도 사람들은 '아! 대한민국'을 노래하게 될 겁니다"라고 응수했다. 노래에 정치 프레임을 씌우고 내편 네편 따지기 시작하면 누가 노래를 만들겠는가? 세상은 언제나 편을 가르고 소문으로 들끓는다.

박건호는 노랫말을 만드는 비결을 가르쳐 달라는 사람에게 "노랫말을 만드는 사람은 늘 새로운 것을 추구하고 새로운 것을 쫓아 길을 떠나는 나그네의 마음이 되어야 한다. 노랫말은 생활과 밀접해 있다. 노랫말의 소재는 어디에나 있다. 삶을 눈여겨보고 그곳에서 새로운 이야기를 건져야 한다. 진실이 담겨있지 않은 작품은 공감할 수 없다. 노랫말은 즉시 이해하고 공감해야 한다. 노랫말은 쉬운 단어를 써야 한다. 일상의 언어를 써야 하고 스토리를 전개시키는 것이 좋다. 노래는 3분 동안의 작은 드라마일 수 있기 때문이다. 대중음악은 스테이크 장사가 아니라 냄새 장사다. 문득문득 스쳐 가는 아이디어를 잡아야지 냄새는 버려두고 잘 구워진 스테이크만 고집한다고 좋은 작품이 나오는 것이 아니다. 사라져 버리는 냄새를 잡기 위해 세상일에 촉각을 세우며 살아야 한다"고 했다.

어디 노랫말만 그렇겠는가. 무슨 일이든 되풀이되는 일상의 우물 속에 반짝이는 보물이 숨겨져 있다. 두레박으로 물을 길어 올리듯 대중의 희로애락 속에서 진실과 공감의 보물을 건져 올려야 한다. 박건호는 예리한 시각과 시적 감성을 버무려 서민들이 쉽게 따라부를 수 있는 가사를 만들어냈다. 마치 요리사가 싱싱한 재료로 맛있는 요리를 만들어내듯이 노랫말마다 대박 행진을 이어갔다. 그러나 그는 '가요계를 잠시 머물다 갈 정거장'으로 생각하고 문학으로 돌아갈 기회만 엿보고 있었다. 그에게 '문학이란 내가 돌아가야 할 본향'이었다. 그는

《콩나물에 뿌린 물빛 사랑》 서문에서 이렇게 고백했다.

오아시스레코드사에서는 나에게 특별대우를 해주었다. 아직 곡이 만들어지지도 않은 노랫말을 현찰로 사 주었고, 매달 최소한의 생활비를 대 주었다. 나를 가요계에 잡아두기 위한 일종의 족쇄였는지도 모른다. 노랫말이 돈이 되지 않았다면 나는 황량한 가요계에서 아무런 매력도 느끼지 못하다가 떠났을 것이다. 돈이 떨어지면 노랫말을 쓰기 위해 나는 여관으로 기어들었고, 그러는 동안 문학이라는 배는 점점 더 망각의 기슭으로 흘러 들어갔다. 1972년에서 1989년까지 나는 단 하루도 가요계를 벗어나지 못했다. 나는 작사가도 못 되었다. 시인도 못 되었다. 무인도 같은 가요계에서 끊임없이 탈출을 시도했으나 그때마다 좌절의 벽에 부딪혔다. 그것은 다름 아닌 생활이었다. 노랫말을 만들어 파는 일 말고는 다른 일은 할 것이 없는 나였다.

그는 원 없이 돈을 만져봤고 인기도 누려보았지만, 생의 정점에서 허탈했다. 돈과 인기로 살 수 없는 것이 문학이었다. 그는 시인으로 살고 싶었다. 하늘은 한 사람에게 모든 걸 다 주지 않는다. 그는 회고했다.

1980년도 중반, 나는 한국음악저작권협회(KOMCA)에서 최고의 저작료 수입을 올렸다고 감사패를 받았다. 대중가요 작가 중에서 순수 작품료 수입으로 고소득자가 된 것이다. 그러나 그것은 몸이 만신창이가 된 후의 일이었다……. 나는 투병하면서 시를 썼다. 나는 10년 동안 7권의 시집과 3권의 수필집을 냈지만, 영향력 있는 중견들의 반응은 냉담하기만 했다. 문학을 하는 것이 무슨 죄인가. 나는 가요계에서 유배 생활을 하듯 노랫말을 쓰면서 그토록 문단을 그리워했다.

문단 권력(?)은 박건호가 노랫말을 썼다고 끝까지 외면했다. 오죽했으면 그가

"시와 노랫말 사이에 가로놓여 있는 보이지 않는 유리벽을 허물어야 한다"고 했을까. 노랫말은 노랫말로서 소중한 가치가 있다. 시가 우월하고 노랫말은 열등한가? 편견은 사라져야 한다. 우월하고 열등한 게 어디 있겠는가. 다를 뿐이다. 시가 노래에 실려 불릴 때 생명력이 있고 오래오래 기억된다.

노랫말이 시가 되고 시가 노랫말이 되는 그런 세상은 요원한 것일까?

'문학은 내 고독과 그리움의 도피처'라고 하며 문단에서 인정받는 시인이 되고 싶었던 박건호. 그는 문단을 짝사랑했지만, 문단은 그를 인정해주지 않았다. 2007년 죽음을 앞두고 남긴 유고시집 《그리운 것은 오래전에 떠났다》에서 "음악인들 속에서 음악을 하지 않고, 문학인인 것 같으면서 문학인들 속에서 미운 오리 새끼 같았다"고 했던 그는 2007년 12월 9일 59세를 일기로 세상을 떠났다. 시가 노랫말이 되어 널리 불린다면 세상은 훨씬 너그러워지고 따뜻해지지 않을까?

박건호 시비를 지나자 배부른산(419m)이다. 정상에 올라서자 맞은 편으로 치악산, 백운산, 구학산, 명봉산을 잇는 능선이 한눈에 들어온다. 배부른산은 《신증동국여지승람》, 《동국여지도》, 《여지도서》에는 식악산(食岳山), 《조선지지자료》에는 '포복산(胞服山)'이다. 지명에는 역사성이 있다. 산 이름에 왜 먹을 '食'자가 들어갔을까? 우리가 굶지 않고 살게 된 건 오래되지 않았다. 지금은 다이어트한다고 일부러 굶기도 하지만, 예전에는 봄만 되면 먹을 게 없어서 하루 한두 끼 굶는 건 다반사였다. 오죽하면 '보릿고개'라는 말이 있었겠는가? 산 이름에 먹을 '食' 자가 들어간 산은 '식악산'이 유일하다. 산봉우리 이름에 '밥봉', '주걱봉' 등이 등장하는 것도 다 이유가 있다. 배부른산에는 밥을 배부르게 먹고 싶었던 민초들의 소망이 담겨있는 게 아닐까?

원주시민이 즐겨 찾는 배부른산. 표지석 뒤로 치악산이 한눈에 들어온다.

배부른산 유래 중에 "원주에 홍수가 나자 문막에 있는 배를 불렀다"는 말도
있다. 예전에는 문막에서 원주까지 물길이 연결되어 배를 부르면 원주천까지
올라왔다고 한다. 박건호도 시 '배부른산'에서 "배부린산이 배부른산으로 변한
것은 글자 한 자의 차이지만 그 뜻은 정반대인지도 모른다. 지선이 말에 의하면
옛날, 이 산봉우리는 용궁 가는 나루터라고 한다. 배부른산 밑이 내 고향이다"
라고 하며 배 전설에 힘을 보탰다.

하산 길이다. 울창한 솔 숲길이 이어진다. 곳곳에 쉼터가 있어 산새소리를 들
으며 땀 식히기에 안성맞춤이다. 이산 저산 해도 집 가까이 있는 산이 가장 좋
은 산이다. 불꽃 같은 삶을 살다간 천재 작사가 박건호. 그에게 시란 무엇이었
을까? 시인 신달자는 "나에게 시는 '나 아프다는 말을 아름다운 노래로 하는 것'
이다"라고 했다. 당신에게 시란 무엇인가?

연개소문이 학성동 출신이라고?

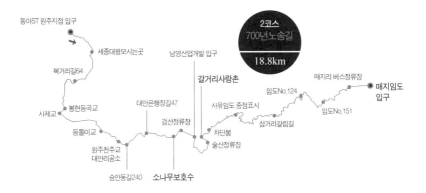

요즘은 길 경쟁 시대다. 길모임도 많고 길 걷는 자도 많다. 맛집과 풍경을 찾아서 사진을 찍고, 찍은 사진을 경쟁하듯 올린다. 좋아요~ 꾹, 한 번에 기분이 달라진다. 좋아요와 구독자 수가 돈이 되는 세상이다. 길은 맛집과 풍경 너머 이야기가 있어야 한다. 이야기의 핵심은 인물과 유적이다. 길은 하드웨어요, 이야기는 소프트웨어다. 원주 굽이길은 이야기로 가득하다.

길에는 연개소문도 있고 태실도 있다. 천주교 대안리 공소도 있고 700년 묵은 노송도 있다. 곳곳이 이야기로 넘쳐난다. 행기리와 사제리를 지나자 키 큰 풀이 바짓가랑이를 잡아챈다. 칡넝쿨이 발목을 잡는다. 옥수수는 수염을 달고 어른 흉내를 내고 있다. 봄꽃에 검은 나비, 노랑나비가 형형색색 날아들어 짝

매지 임도에서 만난 노랑 나비와 풀꽃

짓기하고 있다.

등골마을이다. 농사꾼 부부가 〈MBC〉 라디오 양희은과 서경석의 '여성 시대'
를 크게 틀어놓고 감자를 캐고 있다. 도라지꽃, 호박꽃, 해바라기가 절정이다.
연분홍 접시꽃은 새색시요, 홀로 핀 나팔꽃은 중년 여인네. 백구가 꼬리를
흔들며 고양이와 나란히 앉아있다.

봉현교를 지나자 갓길 없는 도로다. 이럴 땐 달려오는 차량을 마주 보며 걸어
야 한다. 사소하지만 꼭 필요한 걷기 상식이다. 논둑에 허수아비가 서 있다. 십
자나무에 낡은 옷과 검은 비닐을 씌웠다. 새들도 약아서 속지 않는다. 표범과
독수리 풍선이 바람에 흔들린다. 허수아비의 진화다. 농부는 낮에는 새, 밤에
는 산짐승과 싸워야 한다. 사람이나 짐승이나 먹고사는 게 전쟁이다.

대안 양수장을 지나자 승안동(昇安洞)이다. 마을 입구는 조선시대 한양을 오가

던 민초들이 봇짐을 풀고 쉬어가던 주막거리였다. 굽이길은 승안동 사거리에서 대안리 천주교 공소 쪽이지만 가까운 대수리(대안3리)에는 왕실 자녀의 태를 묻은 운산 태실이 있다.

나는 2020년 8월 1일 운산 태실을 다녀왔다. 마을에 사는 김현기 선생을 만났다. 그는 15년 전 부근에 밭을 사게 된 사연을 털어놓았다. "밭을 구하려고 전국을 돌아다녔어요. 운산 태실 주변에 매물이 나왔더라고요. 소개하는 사람이 태실은 예로부터 명당 중의 명당이고, 사방이 동그랗게 산으로 둘러싸여 자연재해도 없고 사철 내내 아늑하여 무슨 농사를 지어도 잘된다고 했어요." 농부에게 태실은 풍년을 약속하는 보증수표였다.

태실은 평야 가운데 우뚝 솟은 봉우리를 골라 왕실 자녀의 태를 묻은 석실이다. 태를 묻은 봉우리를 태봉(胎峯)이라 한다. 땅 위에는 태비(胎碑)가 있고, 땅속에는 태함(胎函), 태를 넣은 태 항아리, 주인공을 표시한 태지석(胎誌石)이 있다. 태실에는 원자와 원손 태를 묻은 1등 태실과 대군과 공주의 태를 묻은 2등 태실, 군과 옹주의 태를 묻은 3등 태실이 있다. 관상감에서는 태를 묻을 장소를 물색하고, 이동경로와 날짜, 개기(開基) 봉토(封土) 날을 정하였다. 당상관으로 안태사(安胎使)를 정해 운송 책임을 맡게 하고 당하관에게는 공사감독을 맡겼다. 태실 주위에는 금표를 세워 채석, 벌목, 개간, 방목을 금했다. 금표 범위는, 왕은 300보(540m), 대군은 200보(360m), 왕자와 공주는 100보(180m)였다.

원주에는 태실이 4개 있다. 대수리 운산 태실, 산현리 태실, 대덕리 태실, 태장동 성종 왕녀 복란 태실이다. 치악산 곧은재 부근에도 한 개가 있다는 말이 있지만 확인되지 않았다. 태실이 가장 많은 곳은 경북 성주군 월항면 인촌리 서

대수리 운산 태실(효종의 넷째와 다섯째 공주)

태장동 왕녀 복란 태실

호저면 대덕리 태실

호저면 산현리 태실

진산(棲鎭山)으로 13개가 있다. 세종이 왕자 18명과 손자 단종 태를 묻은 집단 태실이다. 수양대군은 쿠데타에 반대한 형제 태실을 없애버렸다. 19개가 아니라 13개가 된 이유다. 강원도에는 25개가 있다.

　대수리 운산 태실은 조선 효종과 인선왕후 장씨 사이에서 태어난 넷째 숙정 공주와 다섯째 숙휘 공주 태실이다. 1662년(현종 3년) 11월 25일 10시에 세웠다. 태실은 민족항일기 때 도굴당했고, 1993년 11월 25일 오전 10시 당시 원주 〈영서신문〉 편집장 박찬언이 원주시와 금물산(今勿山) 클럽의 도움을 받아 석축을 쌓고 복원하였다.

산현 태실은 호저면 산현리 442-6번지에 있다. 주인공은 선조 33년(1600) 태어난 후궁 온빈 한씨 아들이거나 광해군 아들 폐세자 이지(1598년생)로 추정된다. 1968년 도굴되었고 태실 뒤 움푹 파인 곳에 태함이 있다. 태실명은 소군산(召君山)이다.

대덕 태실은 호저면 대덕리 410-2번지 마을 옆 산봉우리다. 절반이 뚝 잘린 태비가 서 있다. 잘린 비석은 약 10m 떨어진 곳에서 풀을 뒤집어쓴 채 나뒹굴고 있다. 주인공은 성종과 후궁 사이에서 태어난 아들이거나 연산군의 아들로 추정된다.

왕녀 복란 태실은 태장동 우성아파트 담장 너머에 있다. 태장동이란 지명도 왕녀의 태가 묻힌 곳이라고 '태(胎)' 자를 썼으나, 민족항일기 때 태(太)자로 바뀌었다. 태의 주인공은 1486년 10월 13일에 출생한 왕녀(?)다. 태함은 있으나 태항아리와 태지석은 도굴되었다가 다시 찾아서 동국대 박물관에 전시되어 있다.

조선의 사대부는 태실을 쓸 수 없었고, 태항아리에 넣어 집 가까운 산에 묻었다. 민초들은 대문 일직선상에 있는 밭두렁이나 둔덕에 묻었다. 어촌에서는 갯벌에 묻기도 했다. 사내아이 태는 항아리에 넣었고, 여자아이 태는 바가지에 넣어 묻었다.

대안리에는 고구려 장수 연개소문(~665) 설화도 전해온다. 〈원주원성 향토지(1975)〉에는 "연개소문은 원주시 흥업면 대안1리 장군터에서 태어났다"고 하였고, 《원주군연감(1990)》에는 "대안1리 승안동 2평 남짓한 넓은 흰반석에 길이 1자가 넘는 발자국이 3개 있었는데 1999년 토지정리사업 때 1.5m가량 땅속에 묻혀버렸다"고 했다.

당나라 전기소설 《규염객전》과 《갓쉰동전》, 단재 신채호의 《조선상고사》에 연개소문 이야기가 나온다. 연개소문(淵蓋蘇文)에서 연(淵)은 성이요, 개소문(蓋蘇文)은 이름이다. 개(蓋)는 '갓'이고 소문(蘇文)은 쉰(50)이다. 연개소문 성은 원래 연씨였는데 《삼국사기》를 쓸 때 김부식이 당 고조 이름이 연이어서 연을 천(泉)으로 고쳐 천개소문이라 하였다. 신채호는 연개소문 부친 연국혜가 아들을 버린 곳을 '원주고을 학성동'이라고 했다. 《조선상고사 2(1986)》 291~293, '갓쉰동전(傳)'을 살펴보자.

단재 신채호와 《조선상고사》

연국혜라는 한 재상이 있었다. 나이 50이 되도록 슬하에 자녀가 없어서 하늘에 제사를 올려, 옥동자를 낳아 이름을 갓쉰동이라고 하였다. 갓 쉰 살 되던 해에 낳았다는 뜻이다……. 갓쉰동이가 7살 되던 해에 문 앞에서 장난을 치고 노는데 어떤 도사가 지나가다가 그를 보고 "아깝다, 아깝다" 하고 갔다. 연국혜가 뒤쫓아가 도사를 붙잡고 그 까닭을 물으니 도사가 하는 말이 "이 아이가 자라면 부귀와 공명이 무궁할 것이지만, 타고난 수명이 짧아서 그때를 기다리지 못할 것이오"라고 하였다. 연국혜가 "액을 면할 방법이 없느냐?"고 물으니 "15년 동안 이 아이를 내버려 부모와 서로 만나지 못하면 그 액을 면할 것이오"라고 했다. 연국혜는 차마 못 할 일이었지만 도사의 말을 믿고 아들 장래를 위해 하인을 시켜서 갓쉰동이를 산도 설고 물도 선 어느 시골에 데려다 버리게 하였는데, 다만 훗날 다시 찾을 표적을 만들기 위해 먹실로 등에다가 '갓쉰동'이란 석 자를 새겨서 보냈다. 갓쉰동이를 버린 곳은 원주고을 학성동(鶴城洞)이었다.

동네 장자(長子) 유씨가 그날 밤 꿈에 앞내에 황룡이 하늘로 올라가는 것을 보고 괴이하게 여겨 새벽에 앞내에 나가보니, 한 준수한 어린아이가 있으므로 데려다 길렀는데, 등에 새긴 글자를 보고 '갓쉰동'이라 불렀다……. 노인은 갓쉰동이를 사랑하긴 하였으나 남의 시비를 싫어하여 신분을 높여주지 못하고 글을 약간 가르쳐 자기 집 종으로 부렸다. 하루는 갓쉰동이가 산에 올라가 나무를 베는데 난데없이 청아한 퉁소 소리가 들리므로 지게를 버티어 놓고 소리 나는 곳을 찾아가니, 한 노인이 앉아서 퉁소를 불고 있었다. 노인이 갓쉰동이를 보더니 "네가 갓쉰동이가 아니냐? 네가 오늘에 배우지 아니하면 장래 어찌 큰 공을 이루겠느냐?" 하며 학문이 필요함을 이야기해주었다. 노인은 내일 오라고 하며 어디론지 획 가버렸다. 갓쉰동은 이튿날부터 노인을 만나서 검술, 병서, 천문, 지리 등을 배우고 내려오면 빈 지게에 나무가 채워져 있어서 짊어지고 돌아오곤 했다.

갓쉰동이 열다섯 살 되던 해 봄 어느 날, 유씨는 자신의 딸 문희, 경희, 영희를 가마에 태워 꽃구경하러 다녀오라고 하였다. 세 사람이 미인인데 영희가 뛰어났다. 문희와 경희는 가마에 타기 위해 갓쉰동이를 엎드리라고 한 다음 등을 밟고 올라탔으나, 영희는 "사람의 발로 사람의 등을 밟는 법이 어디 있느냐?"고 하고 갓쉰동이를 일으켰다. 이후 두 사람 사이가 두터워졌다. 어느 날 영희는 갓쉰동이에게 "네 회포를 말해보라"고 했다. 갓쉰동이는 "당나라는 늘 우리나라를 침범하여 백성을 괴롭히는데, 우리는 침범하는 달딸이(중국)를 물리칠 뿐이고 달딸국에 쳐들어가지 못했다. 나는 이것이 분하여 늘 달딸이의 땅을 한 번 쳐서 백 년 태평을 이룩하려고 생각한다"고 하였다.

이 말을 들은 영희는 크게 기뻐하며 "그렇지만 적국을 치자면 적국의 형편을 알아야 할 것인데, 네가 친히 달딸국에 들어가서 그 산천을 두루 다니며 국정을 살펴보고 훗날 성공할 터를 닦아서 돌아오면 나는 너의 아내가 되거나, 아니 종이 되어서라도 백 년을 모시려 한다"고 했다. 갓쉰동이 쾌히 승낙하고 노인 집에서 달아났는데, 영희는 금가락지와 은그릇을 주어 노자를 만들어주었다. 갓쉰동은 달딸국에 들어가 이름을 돌쇠라고 고치고 달딸국 왕의 가노(家奴)가 되었다. 갓쉰동이는 왕의 신임을 받았는데 둘째 아들(당 태종 이세민)이 "갓쉰동은 비상한 영걸이요, 달딸국의 종자가 아니니 죽여서 후환을 없애자"고 아비에게 고하여 철책 안에 잡아 가두고 음식을 끊어서 죽이려 하였다.

갓쉰동은 위태로움을 깨달았으나 대책이 없어서 가만히 앉아있는데, 이때 마침 달딸 왕 부자가 사냥을 나가고 공주가 그를 지키고 있다가 그를 측은하게 여겨 내전 불당에 들어가 기도하고 열쇠로 철책 문을 열어 갓쉰동이를 내 보냈다. 공주는 "내가 너를 처음 보았지만 너를 보내며 내 마음도 따라간다. 네 몸은 매 같이 훨훨 날아가더라도 네 마음일랑 나를 주고 가라" 하였다. 이에 갓쉰동은 "공주가 나를 잊을지언정 내가 어찌 공주를 잊겠는가?"라고 하며 성문을 나와 풀뿌리를 캐어 먹으며, 낮에는 숨고 밤에는 길을 걸어 달딸의 국경을 넘어 귀국하였다. 달딸국 둘째 왕자가 돌아와 공주가 갓쉰동 이를 사사로이 풀어준 것을 알고 크게 노하여 칼로 누이동생 목을 베었다. 갓쉰동은 책문을 지어 과거에 급제하였고, 영희와 혼인하였으며, 달딸을 토평하였다.

신채호는 "이치로 미루어 보아 '갓쉰동전'은 믿을 만한 점이 많고 신구 두 당서에 당 태종의 말을 기록하여 '개소문은 방자하다', '개소문은 감히 나오지 못하였다', '개소문은 이리 같은 야심……'이라 한 말들은 개소문을 미워한 말이지만, 반면에 개소문을 꺼렸음을 드러낸 것이다. 《규염객전》은 의심할 만한 점이 많으므로, 조선상고사는 《규염객전》을 버리고 '갓쉰동전'을 취하였다"고 하였다.

연개소문을 알려면 고구려를 둘러싸고 요동치던 5세기에서 7세기에 이르는 국제정세를 살펴봐야 한다. 5세기에 접어들면서 고구려는, 소수림왕의 내정개혁을 발판으로 광개토대왕과 장수왕 때 북으로는 부여와 거란을 점령하고, 남으로는 경기도, 강원도, 충청도 일대를 차지하면서 위세를 떨쳤다. 신라와 왜, 가야 사이 세력다툼에 개입하여 신라에 침입한 왜구를 몰아내기도 하였다.

6세기에 접어들자 신라는 진흥왕의 북진정책으로 한강 유역과 경기도와 강원도는 물론 함경도 일부까지 차지하였다. 7세기에는 고구려가 수와 당의 한반도 진출에 맞서 612년 살수대첩, 645년 안시성대첩, 647년 천리장성(북쪽 농안에서 남쪽 대련까지 16년간 쌓은 성)을 쌓으면서 방파제 역할을 하였는데 이때 등장한 사람이 바로 연개소문이다.

당시 고구려 영류왕은 뜨는 별 당나라와 친선 관계를 유지하려 했으나 연개소문은 당나라에 강공 드라이브를 걸며 적대관계를 유지했다. 영류왕은 기득권 세력인 귀족과 연합하여 연개소문을 죽이려 했다. 기미를 알아챈 연개소문은 궁궐 잔치에 귀족을 초청하였다. 연회가 무르익었을 때 연개소문이 칼을 빼어 들었다. 귀족을 죽이고 영류왕도 죽였다. 이어서 영류왕 조카 보장왕을 왕으로 세우고 실세 정치를 펼쳐나갔다.

신라 김춘추는 백제의 공격을 받고 고구려에 특사를 보냈다. 연개소문은 특사를 옥에 가두고 한강 유역을 고구려에 반환하라고 했다. 신라는 당나라와 손잡고 백제를 멸망시킨 후(660년) 여세를 몰아 고구려를 공격하였다. 연개소문은 아들 남생이 형제간의 권력다툼 과정에서 당나라에 투항하고 동생 연정토마저 신라에 투항하면서 지도력을 잃고 죽음(665년)을 맞이하였다. 연개소문 사후 고구려는 지배층의 권력다툼으로 국력이 약해지고 668년 나당연합군의 공격으로 역사의 무대에서 사라지게 되었다.

《삼국사기》 저자 김부식은 연개소문을 "임금을 죽인 역적이며 고구려를 멸망시킨 장본인이다"라고 혹평했지만, 신채호는 《조선상고사》에서 '위대한 혁명가'로, 박은식은 《천개소문전》에서 '독립자주의 정신과 대외경쟁 담략을 지닌 우리나라 역사상 일인자'라고 극찬했다. 중국은 "한반도 북방 지역은 자국 영토이므로 변방의 소수민족이 세운 고구려와 수·당 전쟁은 국내전에 불과하다"고 주장한다. 연개소문은 탁월한 리더십으로 수·당에 맞서 싸우며 한반도 방파제 역할을 하였으나, 국제정세를 제대로 읽지 못하고, 후계자 관리에도 실패하여 고구려 멸망을 가져왔다. 그러나 연개소문은 부여족을 제압하고 만주벌판과 요하 지역을 차지하며 당나라에 맞서 조선 민족의 위대한 혼을 보여준 장수였다. 《로마인 이야기》의 저자 시오노 나나미는 《국가와 역사》에서 "유적이란, 눈으로만 보면 돌무덤에 지나지 않는다. 상상력을 동원해서 머릿속으로 재구성해봐야 유적을 견학하는 의미도 살고 실물을 감상하는 즐거움도 얻는다"라고 했다. 연개소문 이야기를 그냥 전설로만 지나칠 게 아니라 대안리에 흩어져 있는 흔적을 찾고 고증해서 원주를 연개소문 고장으로 만들어 보면 어떨까?

마을 길을 따라 올라가자 천주교 대안리 공소가 나타난다. 대안리는 '대수리'와 '되안이'를 합친 이름이다. 대수리는 '가장 높은 산'이며, 되안이는 '되(升)처럼 생겼다'는 뜻이다.

대안리 공소 사무실로 향했다. 물 끓는 소리는 들리는데 사람이 보이지 않는다. 답사 현장에서 사람을 만나지 못하면 아쉬움이 많다. 공소는 초기 한국천주교회 신앙공동체의 뿌리였다. 대안리 공소는 천주교 박해시대 덕가산(德加山)에 숨어 살던 신자들이 1866년 조불수호통상조약으로 신앙 자유가 허용되자

천주교 대안리 공소

산에서 내려와 교우촌을 형성했다. 공소신자 사이에서 전해 오는 말에 따르면 대안리 공소는 르메르 신부가 원동성당에 부임하기 이전인 1892년 설립되었고, 건물은 1900년에서 1906년 사이에 지었다고 한다.

대안리 공소가 문헌에 처음으로 등장하는 건 《뮈텔 주교 일기》다. 뮈텔(Gustave Charles Marie Mutel, 민덕효 : 1854~1933)은 프랑스 파리외방선교회 신부다. 조선교구장으로 임명된 1890년 8월 4일부터 선종(善終) 직전인 1933년 1월 14일까지 42년간 일기를 썼다. 한국교회사연구소에서 펴낸 《뮈텔 주교 일기》 제4권 1910년 11월 9일부터 12일 사이에 나오는 대안리 공소 이야기를 살펴보자.

> 11월 9일 대안리 짐꾼들을 기다렸으나 오지 않았다. 무슨 착오가 있기 때문일 것이다. 11월 10일 오후에 날씨는 다시 비로 변했다. 대안리 짐꾼들이 도착했다. 11월 11일 8시경 대안리로 떠났다. 11월 12일, 정오에 한강지류를 건너 맞은편 숙소에서 점심을 먹었다. 그곳에 대안리 교우들이 마중 나와 있었다. 아침에 40리 길을 왔고 오후에 갈 길은 30리다. 10리쯤 남겨두고 아름다운 무지개와 함께 비가 내렸다. 조제 신부가 기다리고 있었다. 성당에는 드브레 신부가 만든 신부방이 딸려 있었다. 축성해 달라고 했다. 그곳은 '진짜 성당'이기에 성당 축성예절로 축성했다. 성당은 성모님께 봉헌되었다. 미사 이후 35명에게 견진성사를 주었다. 성당축성을 위해 큰 잔칫상이 차려졌다.

뮈텔 주교가 '진짜 성당'이라고 칭찬했을 만큼 잘 지어진 건물이었다. 대안리 공소는 외국인 신부가 1년에 두 번 있는 판공성사(부활절, 성탄절)를 주러 와서 자고 가던 곳이었다. 한국전쟁 때는 인민군 막사로, 전후에는 미군 구호물자 배부처로 사용되었다. 2004년 12월 문화재청 등록문화재 제140호로 지정되었고, 2016년 원주시에서 보수하여 현재 모습을 갖추게 되었다.

대안리 공소를 나와 마을 안길을 따라가자 사유지가 나타난다. '이곳은 사유지입니다.' 개 짖는 소리가 요란하다. 풀이 허리까지 차올라 길을 찾을 수 없다. 가시에 긁혀 팔뚝에서 피가 난다. 걷다 보면 넘어지기도 하고 풀에 긁히기도 한다. 사는 일도 그렇다. 어떻게 아무 일 없이 순탄하게만 살 수 있겠는가? 남 보기엔 아무 걱정 없어 보여도 다들 마음속에 말 못 할 상처 한두 개쯤 안고 산다. 신은 한 사람에게 모든 걸 다 주지는 않는다.

논밭이 온통 초록이다. 초록 물결 사이로 700년 된 노송이 우뚝하다. 나이 먹어 지팡이를 짚고 있지만, 품격이 느껴진다. 품격은 내면에서 우러나오는 '아우라'요, 오랜 세월 눈비 맞으며 견뎌낸 고통의 강도다. 사람 얼굴에도 지나온 시간의 숨결과 마음의 무늬가 새겨져 있다. 농가 입구에 나뭇단이 쌓여 있다. 차곡차곡 줄을 맞춰 반듯하다. 빈틈없고 정갈한 성품이 느껴진다.

대안리 복숭아 농장이다. 거꾸로 매달아 말라비틀어진 옥수수 옆에 낡은 벽시계가 11시 50분을 가리킨다. 주인은 어디 가고 연분홍 접시꽃만 자리를 지키고 있다.

인삼밭이다. 농부가 말을 건다. "산 다니는가 봐요?", "굽이길 걷느라고요. 인삼 농사 많이 지으세요?", "노니까 심심해서 짓는 거지요?", "농사가 잘되었나요?", "올해는 그럭저럭 괜찮네요." '심심해서', '그럭저럭'이라는 말에서 농부의 여유와 넉넉함이 느껴진다.

토종벌이 윙윙댄다. 나리꽃이 피었다. 구절초도 피었다. 나리꽃은 홀로 피고 구절초는 무리 지어 핀다. 사람도 홀로 있기 좋아하는 자가 있고 무리 짓기 좋아하는 자가 있다. 꽃이나 사람이나 생명 있는 것들은 다 비슷하다. 여름꽃은 결실을 향한 전주곡이다. 피는 건 오래지만 지는 건 순간이다. 세상사는 돈과 권력을 둘러싸고 한시도 조용할 날이 없다. 잠시 피었다가 지고 말 것을, 시시비비, 아웅다웅이다. 허물없는 인간이 어디 있겠는가?

거목이 쓰러질 땐 큰 소리가 나고 주변 나무도 생채기를 입는다. 고(故) 노무현 대통령은 "모진 나무 옆에 있다가 벼락 맞는다"고 했다. 한국전쟁 영웅 백선엽과 서울시장 박원순이 죽었다. 한 분은 자연사요, 한 분은 스스로 죽었다. 정치의 끝은 허망하다. 정치가 뭐길래, 권력이 뭐길래 부나방처럼 뛰어드는 것일까? 정치 9단 김종필은 죽기 직전 언론과의 인터뷰에서 "정치는 허업(虛業)"이라고 했다.

대안 저수지를 지나자 술미마을이다. 술미는 가장 높다는 뜻인 '수리'와 산을 뜻하는 '뫼'를 합친 말이다. 뙤약볕이 후끈하다. 잠자리가 무리 지어 빙빙 돈다. 잠자리는 가을의 전령사다. 무더위 속에 가을이 들어있다. 산딸기가 낙과 직전이다. 몇 개를 따서 입에 넣었다. 절정을 지나니 단맛이 덜하다.

토마토 농부를 만났다. "어디서 오세요?", "사제리와 대안리 지나 매지리 쪽 덕고개로 가는 중입니다." 내가 물었다. "혼자 사세요?", "예.", "사모님과 같이 내려오시지 그랬어요?", "마누라는 죽어도 못 오겠다고 해서 어쩔 수 없이 혼자 와 있어요. 여자들은 쇼핑도 하고 영화도 보고 음식도 먹으면서 수다도 떨고 그래야 하는데 시골은 그렇지 못하잖아요. 시골은 살아보니까 눈만 뜨면 일이에요. 요즘은 하루도 풀을 안 깎아주면 금방 키가 자라요. 그래도 나는 시골이 좋아요. 농사지은 것 싸 들고, 서울 올라가서 친구도 만나고 마누라도 갖다 주면 참 좋아합니다.", "왜 시골로 내려왔어요?", "나이를 먹으니까 몸도 자꾸 고장 나고, 머리도 젊은 사람 못 따라가겠더라고요." 길에서 만난 50대 귀농인의 말이다. 도시 직장인에게 시골은 로망이다. 짧은 대화 안에 귀농한 중년 직장인 모습이 담겨있다. 이상과 현실은 다르다.

술미마을을 나와 도로를 건너자 갈거리 사랑촌이다. 《조선지지자료》에는 칡나무 '갈' 자를 써서 '갈거리(葛巨里)'다. 갈거리에서 '갈'은 '가르다', '거리'는 길이나 '터'를 뜻한다. '갈거리'는 길이 갈라지는 곳에 있는 마을이다. 사무실 문을 조심스럽게 열었다. "굽이길 걷는 사람인데, 안내 책자 있으면 한 권 얻을 수 있을까요?" 여자 한 분이 환하게 웃으며 책자 한 권을 건네준다. 달라이 라마는 "나의 종교는 친절이다"라고 했다. '너희는 그 행위를 보아 그들이 어떤 사람인지 알게 된다(마태오 7장).'

갈거리 사랑촌 표지석에 '사랑, 정의, 자립'이 새겨져 있다. 1991년 원주 부부의원 곽병은(안토니오)이 사재를 털어 세운 지적장애인 시설이다. 그는 국군원주병원 군의관으로 근무하면서 주말마다 양로원 '사랑의 집'과 역 앞에서 무료진료를 했다. 제대 후 1989년 부인과 함께 원주 중앙동에 부부의원을 개원하고, 1991년 갈거리 사랑촌을 만들었다. 무료급식소인 십시일반(十匙一飯), 원주 노숙인 쉼터, 봉산동 할머니집, 갈거리협동조합을 만들어 사랑과 봉사를 실천했다.

그는 2020년 12월 〈행복원주〉와의 인터뷰에서 "내가 돈이 많아서 자선사업을 한 게 아니고, 꼭 필요한데 지역에서 이런 일을 하는 사람이 없으니까 나라도 해야 하겠다 해서 시작한 것이다. 무료급식소인 십시일반은 갈거리 사랑촌을 하다 보니까 후원금이 들어오고, 쌀과 반찬이 남아서 시작했다. 22년 동안 십시일반에서 밥을 먹은 사람이 140만 명쯤 된다"고 했다. 그는 1996년 갈거리

사랑촌 재산을 원주 가톨릭복지회에 기증하고, 2015년 10월 7일 술미공소 퇴임 미사를 끝으로 원장직에서 물러났다. 그는 "제가 죽으면 비석에 '학생 곽병은'이라고 새겨주면 좋겠어요. 이보다 더한 찬사는 없을 거라고 생각해요"라고 했다. 사랑을 말하는 자는 많아도 실천하는 자는 적다.

덕고개 임도로 들어섰다. 구절초가 무리 지어 피어있다. 노랑나비 한 마리가 꽃 위에 살포시 내려앉는다. 자연은 한순간도 헛발질이 없다. 자연은 정교하고 신비로운 시스템이다. 곤충이 사라지면 생태계가 무너진다. 유엔식량농업기구는 세계 100대 농작물 중 71종이 꽃가루받이를 벌에 의존하고 있으며, 살충제 남용으로 2000년대 중반부터 미국, 유럽, 호주에서 꿀벌 4마리 중 한 마리가 사라지는 '꿀벌 군집 붕괴(꿀을 채집하러 나간 일벌이 돌아오지 않아 유충이 집단 폐사)' 현상이 벌어지고 있다고 한다.

수십 마리 꿀벌에 둘러싸인 안젤리나 졸리(《내셔널지오그래픽》 인스타그램 캡처)

꿀벌이 사라지면, 양봉농가 수입도 줄어들고(2013년 2,810만 원에서 2019년 207만 원 : 한국농촌경제연구원 발표) 과일값도 오를 수밖에 없다. 꿀벌에 100% 의존하는 아몬드는 재배할 수 없다. 유엔은 2017년부터 매년 5월 20일을 '세계 벌의 날'로 지정하였고, 우리나라는 2019년 양봉산업법을 만들어 국유림을 중심으로 아카시아 등 밀원수(벌이 꿀을 빨아오는 나무)를 매년 150ha 심기로 하는 등 '꿀벌 살리기'에 앞장서고 있다. 아모레퍼시픽 '마몽드'는 서울 숲과 서울시립미술관에 '꿀벌 정원'을 만들어 '멸종 위기에 처한 꿀벌 살리기'에 앞장서고 있다. 할리우드 톱스타 안젤리나 졸리는 2021년 '세계 벌의 날'을 맞아 꿀벌 6만 마리와 함께 꿀벌 화보를 찍기도 했다.

산딸기가 지천이다. 몇 줌을 따서 봉지에 담았다. 삼거리에서 노루재와 양안치 가는 길이 갈린다. 노루재를 지나면 문막 선들고개와 덕가산 입구에 닿는다. 풀숲에서 바스락 소리가 들린다. 머리끝이 쭈뼛 선다. 멧돼지인가? 후다닥. 고라니 한 마리가 산 위로 점프하듯 뛰어간다. 또 한 마리가 뒤따른다. 새끼 고라니다. 100m 달리기 선수가 장애물을 넘는 모양새다. 길바닥에 검은 나비 한 쌍이 교접 중이다. 꽃들도 이 순간을 경이롭게 지켜보고 있다. 걸음을 멈추고 숨을 죽였다. 교접을 끝낸 나비는 허공을 한 바퀴 돌고 치츰치츰 멀어져 갔다.

늙고 허약하니 따라오지 마시오

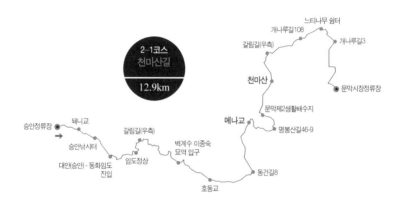

오월은 푸르다. "풀잎은 풀잎대로 바람은 바람대로 초록의 서정시를 쓰는 오월 / 하늘이 잘 보이는 숲으로 가서 / 어머니의 이름을 부르게 하십시오 / 피곤하고 산문적인 일상의 짐을 벗고 / 당신의 샘가에서 눈을 씻게 하십시오 / 물오른 수목처럼 싱싱한 사랑을 / 우리네 가슴속에 퍼 올리게 하십시오." 이해인 수녀의 '오월'을 떠올리며, 봄 소풍 가는 기분으로 일찍 길을 나섰다.

흥업면행정복지센터다. 마을버스가 시동을 걸고 있다. 승안동 첫차가 7시에 있다는 말만 듣고 서둘러 나왔다가 낭패다. 무한 긍정 내비게이션이 생각난다. 운전자가 아무리 길을 잘못 들어도 투덜대지 않고 제자리에서 가장 빠른 길을 찾아낸다. 어떤 때는 사람보다 낫다. 택시를 타고 흥업면 대안리 승안동(昇安洞)

승안동 마을표지석

으로 향했다.

홍업면(興業面)은 옛 금물산면(金勿山面)이었다. 금물산은 명봉산 동쪽 '거무산 (500.2m)'이다. '거무'는 높고, 크고, 신성하다는 뜻이다. 금물산면은 1914년 사제면과 판제면 일부를 통합하였고, 1917년 흥대동(興垈洞)과 울업동(蔚業洞) 글자를 따시 흥업면으로 개칭했다. 흥업면에는 흥업리, 사제리, 대안리, 매지리가 있고, 승안동은 대안리의 작은 부락이다. 거무산이 금물산이 되었다. 한자 지명 가운데 이런 게 한두 개가 아니다.

제2-1구간은 '칠백년 노송길'과 '명봉산 진달래길'을 잇는다. 길에는 동양철학자 중천(中天) 김충렬이 있고, 황진이를 유혹했던 벽계수 이종숙도 있다. 백두산정계비 박권도 있고, 왕건 설화가 깃든 천마산도 있다.

돼니교를 지나자, 빨강, 보라, 하얀 철쭉이 활짝 피었다. 마을 전체가 꽃동네다. 산길로 들어섰다.

소나무 밑에 고 임기혁(1945. 4. 3.~2003. 12. 21.) 비석이 눈에 띈다. 산에서 내려오는 여인이 "왜 사진을 찍느냐?"고 물었다. 그는 고인의 부인(72세)이며 딸이 비석을 세웠다고 했다. 목과 허리 수술을 받고 아침저녁으로 산길을 오르내리며 고인과 대화를 나누고 있다고 했다. 비석 하나에도 애틋한 사연이 깃들어 있다. 청천 하늘엔 잔별도 많고 우리네 삶에는 사연도 많다.

임도를 오르니 돼니고개다. 《신증동국여지승람》에는 도야니현(都也尼峴), 《조선지지자료》에는 '되야니', '승안리(升安里)'다. 홍업면 대안리와 문막읍 동화리를 잇는 지름길이자, 한양 가던 옛 도로였다. 노선은 강원감영~너더리~범파정~돼니고개~좁은목~물굽이~노림리~홍원창이었다. 이 길은 1700년을 전후하여 만종~질마재~안창리~등안리~물굽이~노림리~홍원창으로 바뀌었다. 1765년 《여지도서》에는 "홍원(興原)으로 가는 길이 없어지고 지금은 안현(鞍峴, 질마재 : 지정면 가곡리)으로 다닌다"고 하였다.

고갯마루에 작은 시비(詩碑)가 서 있다. 동양철학자 중천 김충렬(1931~2008) 선생이 2004년 8월 어머니를 그리며 세운 연모시비(戀母詩碑)다.

【뜬구름 떠도는 아이의 슬픔을 머금어 비가 되고 / 성황나무 비는 어머니의 모습을 닮아 구부러졌네 / 떠돌던 자식은 돌아왔건만 / 어머니는 돌아가셨으니 / 멍하니 저녁 노을을 바라보며 / 한없이 눈물만 진다.】

1935년 1월 아버지가 돌아가시고 6월 나는 또 어머니 품을 떠나 이 고개 넘어 울업으로 공부를 떠났다. 어머니는 나를 여기까지 업어다 놓으시고 헤어지지 않으려고 몸부림치는 나를 되돌아보고 보고하시며 되돌아갔다. 70년 만에 찾아온 대안령(大安嶺)은 찻길이나 오솔길 성황당 나무 돌무더기 모두가 흔적도 없이 사라지고 앙상하게 남은 산마루만이 그때 그 슬픈 정경을 눈물 속에 떠오르게 한다. 이에 그 회억(回憶)을 시에 담아 돌에 새기니, 아 이 또한 '비극의 황홀'이 아니던가?

중천은 1931년 문막읍 건등리에서 태어났다. 16세 때 머리를 깎고 오대산 상원사로 들어갔다. 한 달 후 방한암(方漢岩) 선사가 "너는 중 될 놈이 아니니 그냥 내려가라"고 했다. 1950년 한국전쟁에 이등병으로 참가하여 1952년 화랑무공훈장을 받았고, 1953년 갑종간부 제53기생으로 임관하여 사선을 넘나들었다. 1956년 연안김씨(영순)와 혼인하고 이듬해 육군정보학교 3기생으로 중국어반을 졸업한 후, 대만 국가장학생으로 국립대만대학교에 입학하였다. 학사, 석사를 거쳐 1974년 중국 문화대학에서 박사 학위를 받았다. 1968년 문화대학에서 중국철학을 강의하였

중천 김충렬 선생

고, 첫 책《시공여인생(時空與人生)》을 펴냈으나 스승 팡둥메이(方東美)로부터 "너무 이르니 예순은 넘어서 쓰라"는 말을 듣고 공부에 전념하였다. 1970년 고려

대학교 철학과 교수가 되어 1996년까지 재직했다. 유교와 도교, 불교 등 동양 사상을 섭렵하였고, 1987년 제5공화국 4·13 호헌 조치 때 고려대 교수 호헌 반대 서명을 주도하였다. 2004년 인촌 학술상과 국민훈장 석류장을 받았다. 저서로는《동양사상산고》,《노장철학강의》,《남명학 연구》등이 있다.

그는 퇴임 후 문막 안창리에 서재를 마련했다. 서재는 연안김씨(부인)와 경주김씨(본인) 첫 글자를 따서 연경당(延慶堂)이라 지었다. 부부에게는 비장한 결혼 스토리가 있다(이하 인용 글은〈월간조선〉 2001년 6월호 '동양학자 김충렬 교수 심층 인터뷰' 내용을 토대로 하였다).

지정면 안창마을은 제 처의 집안이 400년간 세거한 마을입니다. 연흥부원군 김제남 종가가 제 처가입니다. 제가 태어나 자란 동네는 섬강 건너편 문막이구요. 그때(1956년) 내 나이가 스물여섯이었지요. 원래 처가 쪽 연안김씨는 집권 노론의 명문이고, 우리 집안은 철저히 몰락한 북인에 이어 야당인 남인에 속했던 관계로, 두 집안은 섬강 하나를 사이에 두고 가까이에서 살았지만 400년간 대대로 혼인을 하지 않았습니다. 이런 판에 집사람과 결혼하려고 작심을 하고 손가락을 깨물어 혈서사주(血書四柱)를 써서 처가에 보냈습니다. 그랬더니 처음에는 처가 문중에서 의견이 분분했대요. 우여곡절을 거쳤지만 "시대가 바뀌었는데, 저희 둘이 좋다면 좋은 게 아니냐"는 얘기가 나와 겨우 장가를 들 수 있었습니다.

혼인하려고 '손가락을 깨물어 혈서로 사주단자'를 썼다니! 요즘 같으면 상상도 못 할 얘기다. 부부가 이혼할 뻔했던 일도 있었다. 인조반정 후 역적으로 처형당한 정인홍(89세)의 후손인 서산정씨 문중에서《내암(來菴) 정인홍 선생 문집》 해제(解題 : 책의 저자와 내용에 대한 간단한 설명)를 써 달라고 부탁을 했다. 중천은 고

민하다가 승낙했다.

　정인홍에 대한 역사적인 평가는 바로 잡아야 합니다. 정인홍이 인목대비 유폐 사건
에 관련되지 않았다고 할 수는 없지만, 영창대군의 죽음과는 무관합니다. 오히려 영창
대군의 신원(伸寃)을 위해 애를 썼습니다. 대북이 집권한 광해군 때 실권을 휘두른 인
물은 이이첨이었고, 정인홍은 벼슬을 꺼려하다가 대북정권의 상징으로, 영의정으로 추
대되었을 뿐이었습니다. 그럼에도 불구하고 광해군을 축출한 인조반정 직후, 정인홍은
89세인데도 불구하고 참수형을 당하고 말았습니다. 서인의 대북에 대한 정치보복은 처
절했지요. 일찍이 단재 신채호 선생도 일제의 옥중에서《정인홍전》을 써서 정인홍을 우
리나라 유수의 정치가로 손꼽았습니다. 정인홍을 신원하는 일은 남명 선생에 대한 역
사적인 평가를 다시 하는 데 필수적이라는 관점에서 집필을 결심했습니다. 원고를 작
성하여 집사람에게 보여주자 "학자가 역사자료를 가지고 쓴 것이니까 이의가 없다"라
고 했습니다.

　1978년《내암 선생 문집》이 출간되자, 고 이병주는〈주간조선〉에 "내가 중학
교 때 멋모르고 내암의 무덤 위에 올라가 정인홍의 죄업을 매도했는데, 김충렬
교수의 글을 보니 아이구 그게 아니너라. 내가 잘못했다"라는 글을 기고했고,
〈KBS〉는 정인홍 재평가 특집 프로그램을 내보냈다. 방송을 보고 처가인 연안
김씨 문중에서 들고 일어났다. 당장 이혼하라는 것이었다. 지금이야 이 정도는
아니지만, 족보와 가문의 뿌리는 깊고 질기다.

　우리 연안김씨에게 정인홍은 불구대천의 원수인데, 종갓집 사위라는 자가 감히 그럴
수 있느냐"고 들고 일어났습니다. 연안김씨 문중 어른들이 의논한 끝에 질의서를 만들
어 보내왔습니다. 그때 제가 좀 고개를 숙였으면 그쯤하고 넘어갔을지도 몰랐는데, "뭐

가 잘못됐습니까?" 하고 뻣뻣하게 맞섰어요. 연안김씨 문중이 발끈하여 "그러면 이혼을 하라"고 해요. "못하겠다"고 대들었습니다. 문제가 시끄럽게 돌아가서 죽을 맛인데, 마침 대만대학에서 강의할 기회를 주어서 1년간 나가버렸습니다. 출국 전에 내 논문(해제)을 100부쯤 인쇄하여 처가 문중에 돌리면서 "읽어 보고 이의가 있으면 논문으로 반박하라"고 했습니다. 그때부터 처가 쪽의 오해가 풀리기 시작했습니다.

정인홍은 남명 조식의 제자였다. 중천 13대 조상 김창일이 스승으로 모셨던 최영경도 남명의 제자였다. 최영경은 선조 22년(1589), 동인 정여립 모반사건을 배후 조종(?)한 혐의로 서인 정철에게 혹독한 고문을 받고 옥사했다. 동인은 남명 계열 북인과 퇴계 계열 남인으로 갈라졌다. 중천집안은 남명계열이었다. 중천 저서 중에 《남명학 연구》도 있다.

중천은 동양철학 대중화에 돌풍을 일으켰던 도올 김용옥과 사제지간이었다. 도올은 "1970년 고려대학교 철학과 3학년 시절, 중천의 노장사상 강의를 듣고 '위대한 스승'으로 받들며 동양철학을 공부하기로 결심했다"고 고백한 바 있다. 도올의 고려대 교수 복직을 둘러싸고 오해가 생겨 사이가 멀어졌다. 중천은 생전 인터뷰에서 아쉬움을 토로했다.

　도올의 복직 문제와 관련하여 오해가 있었던 것 같습니다. 민주화 운동을 하다 강제로 쫓겨난 교수는 복직되었지만, 스스로 사표를 내고 나간 사람에게는 해당되지 않았어요. 결국 다시 채용하는 형식을 밟아야 했는데, 많은 교수들이 반대했어요. 나는 김용옥 교수의 복교에 반대하지 않았고, 고려대에 남겨두려고 노력한 사람입니다. 김용옥이 있었으면 내 학문의 생명도 고려대에서 지속되는 것인데 안타깝습니다.

도올도 이제 나이가 많다. 완벽한 인간이 어디 있겠는가? 오해를 풀고 스승과 관계 회복을 빈다. 흥업면에는 중천철학도서관이 있고 중천기념관도 있다. 인문학 강좌도 자주 열리고, 일반도서도 수시로 빌려볼 수 있다.

산은 아카시아 꽃향기와 산철쭉이 지천이다. 새소리까지 더해 눈, 코, 귀가 호사를 누린다. 산에 들면 부자다. 재벌 회장 하나도 안 부럽다. 이양하는 '신록예찬'에서 "오월에는 누구든지 부자가 된다"고 했다. "우리가 빈한하여 비록 가진 것이 없다 할지라도 / 우리는 이러한 때 모든 것을 가진 듯하고 / 우리 마음이 비록 가난하여 바라는바 / 기대하는 바가 없다 할지라도 / 하늘을 달리어 녹음을 스쳐오는 바람은 / 다음 순간에라도 곧 모든 것을 가져올 듯하지 아니한가?"

고갯마루를 천천히 내려오니 벽계수(碧溪水) 이종숙(1508~) 묘역이다. 명월 황진이와 염문을 뿌렸던 왕족이다. 세종 증손자이며, 벼슬은 '도정(都正)'이다. '도정'은 왕족에게 주었던 정3품 벼슬이다. 서유영(1801~1874)의 《금계필담(錦溪筆談)》에 황진이와 이종숙의 밀고 당기는 러브스토리가 나온다.

황진이는 개성에서 황씨 성을 가진 황진사의 서녀로 태어났다. 어릴 때 자신을 짝사랑하던 동네 총각이 상사병에 걸려 죽는 것을 보고 15세 때 기생이 되었다. 빼어난 용모에 시, 서, 화 등 학문적 소양까지 두루 갖춘 그는 거들먹거리는 선비를 놀려주었고 십 년 면벽 수행하며 생불로 이름을 떨쳤던 지족선사를 파계시켰다. 소문을 들은 벽계수가 황진이를 만나려고 했으나, "풍류명사가 아니면 만나주지 않는다"는 말을 듣고, 당시 시문을 떨치며 기생을 쥐락펴락했던 손곡 이달에게 자문을 구했다.

손곡이 말했다. "가야금을 든 어린아이를 데리고, 황진이 집 부근 누각에 올라 술을 마시면서 가야금을 타시오. 그러면 황진이가 나타날 것이오. 이때 본체만체하고 슬그머니 자리에서 일어나 나귀를 타고 취적교(吹笛橋 : 개성 남쪽에 있는 다리. 헤어짐을 슬퍼하고 옛날을 그리워한다는 뜻이 있다)를 건너시오. 황진이가 뒤따라오더라도 절대로 돌아보면 안 되오"라고 했다.

다음날 과연 듣던 대로 황진이가 나타났다. 황진이는 아이에게 "주인이 누구냐?"고 물었다. 아이가 벽계수라고 하자, 즉석에서 시조를 지어 창을 했다. "청산리 벽계수야 수이감을 자랑마라. 일도창해(一途滄海)하면 돌아오기 어려우니 명월(明月)이 만공산(滿空山)하니 쉬어 감이 어떠리." 벽계수는 낭창낭창 흐드러진 노랫소리에 홀려 고개를 홱 돌리다가 그만 나귀에서 떨어지고 말았다. 황진이가 혀를 차며 말했다. "당신은 명사(名士)가 아니고 일개 풍류남일 뿐이요."

벽계수의 완패였다. 황진이는 죽기 전 "내 평생 성품이 분방한 걸 좋아했으니, 죽거든 산속에 장사지내지 말고 큰길가에 묻어 달라"고 했다. 유언대로 황진이는 북한 개성 선적리 도로변에 묻혔다. 이종숙 묘소는 경기도 시흥시 동면 삼성단에 있었으나 1985년 묘역 주변이 수용되면서 전주이씨 영해군파 종친회에서 이곳으로 옮겨 부인 해평윤씨와 합장했다. 황진이도 이종숙도 흙에서 나서 흙으로 돌아갔다.

벽계수 묘역을 나와 도로로 들어섰다. 명봉산과 동화수목원, 문막과 메나교 가는 길이 갈린다. 길옆에 작은 표지판이 서 있다. 박씨 대종 청년회에서 세운 '귀암 박권 묘역' 가는 길이다. 백두산정계비 주역이 잠든 묘소를 그냥 지나칠 순 없다. 나는 2020년 10월 4일 호적골 수풀을 헤치며 묘소를 찾았다. 묘소 위에 부친 박시경도 함께 잠들어 있다.

귀암(歸巖) 박권(1658~1715)은 백두산에서 청나라 대표 목극등과 만나 조선과 청나라 국경을 확정했던 사람이다. 중국과의 국경 문제는 오랜 화두였다. 압록강(서간도)과 두만강(북간도)은 거란, 여진, 몽고 등 북방 세력의 강약에 따라 국경선이 오르내렸다.

원래 간도는 고조선과 고구려 땅이었다. 고구려 멸망(668) 후 당은 고구려 옛 땅에 안동도호부를 설치하였으나, 고구려 장수였던 대조영이 발해를 건국(698)하면서 간도는 다시 우리 땅이 되었다. 이후 거란 침입으로 발해가 멸망(926)하면서 간도는 거란 수중으로 넘어갔다. 거란은 여진에게 망했고, 여진(金)은 13세기 초 몽고에게 망하면서 간도는 원나라 땅이 되었다. 원은 명나라에 망했지만, 간도에서 여진이 다시 일어나 조선 국경을 침입하는 등 여전히 극성을 부리고 있었다.

♠백두산 정계비. 국사편찬위원회 사진.

♠ '백두산정계비도'. 목극등이 1712년에 가지고 갔던 지도를 모사한 것이다. 천지에서 압록강, 송화강, 토문강의 세 줄기가 시작하는 것으로 그렸다. 규상각 소장본.

♠정계비 받침돌. 정계비가 서 있던 원래 위치를 밝히기 위해 북한이 1980년대에 세운 흰 표석이 보인다. 고구려연구재단 제공

세종은 1433년 3월 20일 최윤덕을 평안도 절제사로 보내면서 "고려 윤관은 17만 군사를 거느리고 여진을 몰아낸 후 주진(州鎭)을 설치했다. 고황제(高皇帝)가 조선의 지도를 보고 공험진 이남은 조선의 경계라고 했으니 공은 참고하라"고 했다. 이어서 그

백두산정계비 신문기사

해 12월 5척 단구(短軀) 대호(大虎) 김종서를 함길도 관찰사로 보냈다. 김종서는 수하 장수와 병사에게 엄격했다. "현지 무관과 병사들은 김종서 음식에 독충을 넣어 살해를 시도(허균 야사집 《식소록》)"하는가 하면, 조정 대신들은 "북진보다 수성이 필요하다. 한계가 있는 사람의 힘으로 이룩하지 못할 일을 시작한 김종서를 죽여야 한다"고 했다. 세종은 "내가 있다 하더라도 만일 종서가 없었다면 이루지 못했을 것이고 종서가 있더라도 내가 없었다면 주장하지 못했을 것이다"라고 하며 김종서에게 힘을 실어주었다.

세종이 죽고 조선 중기에 들어서자 전정, 군정, 환곡 등 삼정의 폐해가 심해졌다. 함경도 백성은 북간도로 넘어가 황무지를 개간하며 농사를 짓기 시작했다. 조선과 청나라 농부 사이에 다툼이 잦았다. 숙종 11년(1685) 백두산 부근을 답사하던 청 관원들이 삼도구(三道溝)에서 산삼을 캐던 조선 심마니의 습격을 받았고, 1690년과 1704년, 1710년 압록강과 두만강 부근에서 청나라 농부가 살해당하는 일도 벌어졌다. 1711년 청나라 오라총관 목극등이 압록강에서 조선 참핵사(參覈使 : 죄인을 공동으로 심사하는 관리)와 함께 조선인 월경 범법현장을 조사하였다.

청은 간도를 조상(여진족) 땅으로 신성시하고 있었다. 청은 명과 싸우느라 관심 없이 있다가 국경에서 다툼이 잦아지자, 두만강 건너 북간도에 살고 있던 조선 백성에게 함경도로 돌아가라고 명령했다. 조선 조정은 들끓었다. 북간도 백성에게 세금을 물리고 조선 땅임을 선포해야 한다는 말도 흘러나왔다.

1712년 청은 국경을 확정 짓기 위해 조선 조정에 대표를 파견하라고 알려 왔다. 혜산진에 두 나라 대표가 모였다. 청 대표는 길림성 오라총관 목극등, 조선 대표는 접반사 박권과 함경도 관찰사 이선부였다. 일행은 혜산진에서 백두산 입구까지 걸으며 조사에 나섰다. 청은 망원경과 지도, 화공을 동원하였고 목극등에게 현장을 확인하고 조선과 청의 경계를 결정할 수 있는 권한을 주었다. 목극등은 백두산 가는 길이 험해서 말을 타고 갈 수 없으면 걸어서라도 가겠다고 하는 등 강한 의지를 드러냈다.

그러나 조선 접반사 박권과 함경도 관찰사 이선부는 백두산에 오르지 않았다. 목극등이 "늙고 노쇠하니 따라오지 마라"고 하자, 이선부는 1712년 5월 10일 목극등에게 보내는 접반사청계행백산첩(接伴使請偕行白山帖)에서 "길이 험하고 비바람이 몰아쳐 다칠 염려가 있으니 명민한 자 3명만 뽑아 조선 역관과 함께 살펴보고 그림을 그려오도록 한다면 물의 근원과 산줄기가 분명해질 것이다. 당신이 백두산에 오른다면 조선 대표 두 명 중 한 명만이라도 함께 할 수 있도록 해달라"고 부탁했다.

목극등은 거절했다. 조선은 선전관 이의복, 군관 조태상, 역관 김경문 등 6명만 목극등과 함께 백두산에 올랐다. 박권과 이선부는 무슨 수를 써서라도 따라갔어야 했다. 만약 두 사람이 목극등을 밀어붙여 백두산에 올랐더라면 국경 문제는 일단락되었을 것이다. 이건 단순한 일이 아니었다. 나라 경계를 결정짓는 역사적인 일이었다.

과거에 급제하고 높은 벼슬을 하면 무엇 하는가. 이렇게 결정적인 순간에 소임을 다하지 못하면 공부하고 벼슬한 게 무슨 소용이 있겠는가? '현장에 답이 있다'는 말은 진리다. 그러면 지금은 달라졌을까?

LG전자와 LG산전 중국사업지원부문장 등을 지내며 중국기업 최고경영진과 후진타오 전 주석, 리펑 정 총리 등을 만나는 등 30여 년 다양한 경험을 했던 이상훈은《중국 수다》에서 이렇게 말했다. "중국 고위층 중 말을 잘 못 하는 사람은 없다. 누구를 만나든 어디를 가든 자신이 담당하는 업무와 이슈에 관해 매우 해박하다. 반면 한국 정부는 실무진 능력은 뛰어나지만, 장관과 주중대사 등 고위인사들은 그렇지 못하다. 중국과 국내 관료 간 정책 전문성 차이가 너무 두드러지는 경우를 많이 봤다"고 했다.

우리는 왜 변하지 않는 걸까? 책임자에게 일을 맡겼으면 자리에 걸맞은 권한을 주어야 한다. 청나라 오리총관 목극등은 현장을 답사하고 현장에서 국경을 결정지을 수 있는 권한을 주었고, 황제에게 사후 보고만 하면 됐다. 조선은 임금과 조정에 결과를 보고하고 사후 승인을 받아야 했다. 이러니 제대로 협상이 되겠는가? 협상에 임하는 태도도 그렇다. 조선은 사전 준비를 게을리했다. 청은 백두산 지도를 만들어 오고, 망원경과 그림 그리는 화공까지 동원했는데 조선은 별다른 준비 없이 대충 말로만 협상하려 들었다. 결과는 불을 보듯 뻔했다. 청나라 대표 목극등이 원하는 대로 되었다.

《숙종실록》은 백두산 답사현장의 생생한 모습을 보여준다.《조선왕조실록》숙종 38년(1712) 12월 7일 기록이다.

1712년 5월 12일 백두산에서 내려오다가 물이 솟는 곳을 발견했다. 목극등은 10여 리쯤 더 내려오다가 "이 산의 형세를 보니 이 물이 응당 두만강으로 흘러가겠다"고 했다. 두 번째 갈래 4.5리쯤에 이르러서는 "이 물은 원래 갈래가 분명하니 그 발원하는 곳까지 가 볼 필요가 없다"고 했다. 군관 조태상은 혼자 가서 발원지를 살펴보았다. 목극등은 또 4~5리쯤 내려가다가 적은 물이 북에서 내려오는 것을 보고 "앞서 발견한 첫 번째 물이 흘러와 이곳으로 들어간다"고 하였다. 또 20여 리를 내려와 잠시 쉴 때 목극 등이 조선의 장졸을 불러모았다. 그는 가지고 온 지도를 내어 보이며 "첫 번째 갈래의 물에다가 목책을 세우면 조선이 말하는 물이 솟아나는 곳에서 10여 리나 더 내려오니 조선에서 땅을 많이 얻게 된다"고 하였다. 이때 모두 기뻐하며 동의하였다. 목극등은 사신이 머무는 곳으로 내려왔다.

목극등은 백두산 밑 물 솟는 곳에서 10리 지점에 정계비를 세우고 물길 따라 내려가다가 물길이 멈춘 곳에는 목책이나 돌무더기를 쌓아 경계로 삼기로 하였으나 박권은 조정으로 돌아가 임금께 보고하고 허락을 받아야 한다고 하였다. 현장을 가 보지 않은 자의 말은 설득력이 없었다. 목극등은 자신이 정한 대로 하고 매년 정기 사신 편에 이상 유무를 보고하라고 지시하고 돌아갔다. 박권은 조정으로 돌아와 질책을 받았다. 사헌부 장령 구만리(具萬里)는 경계를 접하는

백두산정계비(1910년)

막중한 일을 소홀히 한 두 사람을 파면하라고 했다. 임금은 박권을 나무라지 않았다. 백두산정계비는 높이 80cm, 폭 60cm 작은 비였다. '서위압록 동위토문(西爲鴨綠 東爲土門)' 비문과 함께 백두산에 올랐던 청과 조선 관리 6명의 이름을 새겼다. 여기에 박권 이름은 없었다.

이걸 두고 잘했니 못했니 말과 말이 부딪히며 들끓었으나, 조선 조정과 임금의 말은 청에 닿지 못했다.

1883년 백두산정계비 조사 과정에서 '토문'을 놓고 조선과 청의 주장이 팽팽하게 맞섰다. 압록강 건너 서간도는 청나라 영토로 합의했지만, 토문은 아니었다. 조선은 토문이 만주 쑹화강의 지류라고 했고, 청은 두만강이라고 했다. 토문은 누가 봐도 송화강의 지류였고, 북간도는 사실상 조선 땅이었다. 황무지로 버려져 있던 곳을 함경도 백성이 두만강을 넘어가 옥토로 만들었기 때문이다. 국경선 문제는 결론 없이 흐지부지되었다. 1907년 조선통감부는 간도에 파출소를 설치했다. 이는 간도가 조선 땅임을 알려주는 증거였다. 1909년 일본은 청과 간도 협약을 맺어 만주(서간도) 안동~봉천 간 철도 부설권과 푸순탄광채굴권을 얻어내고 북간도를 청에 넘겨주고 말았다. 일제는 1931년 7월 28일 백두산정계비를 철거했다(일본인 시노다 지사쿠(篠田治策)가 쓴 《백두산정계비》 서문에 나옴). 백두산정계비는 현재 탁본으로 남아있다.

중국은 동북공정 프로젝트로 만주(서간도, 북간도)의 옛 주인이었던 고조선, 부여, 고구려, 발해를 중국 역사로 편입하였다. 심지어 2011년 8월 23일 아리랑을 유네스코 무형문화유산에 등재하려고 시도하였다. 정부는 왜 간도가 우리 땅이라고 주장하지 못할까? 남북분단과 중국 경제 의존도를 생각하면 드러내

놓고 말할 수 있는 처지가 아니다. 개인이든 나라든 힘이 있어야 말발이 먹힌다. 국제관계는 힘의 논리가 지배한다. "생각하는 백성이라야 산다"고 했던 고 함석헌 선생의 말이 떠오른다. 시민단체나 역사학회 등 민간분야에서 영유권을 주장하는 운동이 일어나야 한다.

다시 길을 재촉했다. 여주 강천 42번 국도와 영동고속도로 사이를 지난다. 건등3리 명봉산 호수마을에서 씩씩하게 걸어오는 노인(74세) 한 분을 만났다. 그는 말이 고픈지 바나나 하나를 건네주며 잠깐 앉아보라고 했다. 넋두리가 시작됐다. 갈 길이 먼데 놓아주지를 않는다. '노인은 살아있는 도서관'이다. 끝까지 들어주기로 했다.

노인은 삼척 궁촌사람이다. 아파트 공사장을 떠돌며 30년을 살았다. 왜 고향으로 가지 않고 원주에 자리 잡았느냐고 묻자, "고향에는 사촌만 있고 땅 문제로 싸우고 있어서 가기 싫다"고 했다. 그는 자식에게 "내가 아파서 혼수상태가 되면 링거병 주렁주렁 달고 고생시키지 말고, 화장해서 뿌려달라"고 했다. 지나온 인생과 생의 마무리 무렵에 느끼는 소회를 길게 털어놓았다. 마치 유언처럼 들렸다.

먹고 사는 얘기를 이어갔다. "동네 노인들을 만나 보면 전부 땅 부자예요. 괜히 없으면서 폼 잡느라고 그러는지 몰라도, 국밥도 한 그릇 못 사면서 땅만 많으면 뭐해요. 땅도 내가 건강해야 팔아먹을 수 있어요. 땅이 많으면 자식들이 싸워요. 놔두면 값이 오른다고 하는데 나 죽고 나면 무슨 소용이 있어요. 건강할 때 팔아서 한 푼이라도 현금을 가지고 있어야 해요. 현금이 없으면 슈퍼에 가서 라면도 한 개 못 사요. 나는 있는 땅 다 팔아서 할멈하고 쓸 돈만 남겨두고, 애들한테 조금씩 나눠주고 불쌍한 사람들이 사는 곳에 모두 갖다 주고 말았어요. 이제 달랑 집 한 채만 남았어요. 참 홀가분해요. 내가 먼저 죽든 할멈이 먼저 죽든, 애들한테 절대 얹혀살지 말고 죽만 끓여 먹을 수 있으면 혼자 살자고 약속했어요." 귀 기울여 듣다 보니 40분이 훌쩍 지났다. 노인들은 말이 고프다. 고향 부모님께 안부 전화만 자주해도 효자 소리 듣는다. 고독사하는 노인이 늘어나고 있다. 말 들어주는 로봇이 나올 날도 머지않았다.

메나교를 지난다. 영동고속도로 뒤로 건등산이 우뚝하다. 왕건 설화가 살아 숨 쉬는 산이다. 풍수에서는 지나가다 잘생긴 산이 보이면 반대편에 좋은 땅이 있다고 한다. 그렇다면 지금 내가 서 있는 곳이 명당인가? 느티나무 정자에서 다리쉼을 하며 개구리 소리를 들으니 신선이 따로 없다.

천마산(天馬山, 317.3m)이다. 천마산에서 내려온 기운이 섬강을 만나 멈춘 곳이 문막이다. 왕건이 백마 타고 문막으로 들어올 때는 견훤보다 약했는데, 천마산에서 정기를 받아 말 타고 날듯 문막 전투(899~900)에서 이겼다고 붙여진 이름이다. 허위허위 산을 오르자 땀방울이 송송 맺힌다. 문막 들판과 섬강이 한눈에 들어온다. 드넓은 곡창지대를 놓고 건곤일척(乾坤一擲)을 겨루던 군사들의 함성이 들리는 듯하다.

건등산과 천마산을 오가며 전투를 벌였던 군사들은 모두 어디로 갔을까? "세상의 모든 것은 자신의 시간을 다하면 사라지는 것이다." 1963년 카세트테이프를 만든 네덜란드 엔지니어 루오텐스의 말이다.

솔숲을 스치는 선선한 바람 타고 멧돼지 소리가 점점 가까이 들려온다. 나는 혼자다. 입산은 더디지만, 하산은 빠르다. 오늘 길 위에서 고인도 만나고 노인도 만났다. 길에서 만나는 자 모두가 스승이었다. 유홍준은 "인생도처 유고수(人生到處 有高手)"라고 했다.

버리고 갈 것만 남아서 참 홀가분하다

제16회 원주 사랑 걷기 대행진에 다녀왔다. 6박 7일, 식탁도 풍성했고 잠자리도 넉넉했다. 처음엔 어색했지만, 곧 적응했다. 암벽 20년 클라이머도 있었고, 공수특전사와 해병대 출신도 있었다. 국내외 이름난 길은 모두 걸었다는 걷기 고수도 있었다. 원주시장도 왔다. 그는 1회부터 15회까지 한 번도 빠지지 않고 걸었다. 3선 시장의 내공은 걷기에서 나온 듯했다. 빵과 옥수수, 복숭아는 단비처럼 스몄고 시민 된 자긍심을 북돋아 주었다.

걷기에서 돌아온 다음 날 또다시 길을 나섰다. 흥업면 무수막리에 승용차를 두고 큰 양안치(兩鞍峙) 행 31번 버스에 올랐다. 어김없이 마스크를 썼다. 코로나19는 세상 곳곳을 헤집으며 삶을 바꿔놓았다. 흥업면 큰 양안치에서 매지 임도와 회촌마을, 토지문화관과 연세대 호수길을 우회하는 자연과 문화가 어우러진 '회촌달맞이길'이다.

양안치는 귀래면과 흥업면 경계에 있는 큰 고개(대치 : 大峙, 380m)와 작은 고개(소치 : 小峙, 300m)를 합쳐 부르는 이름이다. 고개 모양이 말안장처럼 생겼다고 양안치다. 다른 설도 있다. 흥업면 매지리는 고구려왕 어가(御駕 : 왕이 타고 다니는 수레)가 머물고, 귀래면 운계리는 신라왕 어가가 머무르며 대치했다고 양어치(兩御峙)다. 《대동지지》는 '대치'와 '소치', 《여지도서》는 '양대치', 《조선지지자료》는 '양앗치'다. 도로명 표지판과 등산 지도는 '양안치'다.

매지(梅芝) 임도로 들어섰다. 1999년 임산물 운반과 산림관리를 위해 만들었다. 수목이 내뿜는 피톤치드 향기에 머리가 맑아지고 눈이 시원해진다. 활짝 핀 야생화가 형형색색 청초하다. 산안개가 몰려왔다 몰려간다. 비 온 뒤 숲

매지 임도에서 바라본 비 갠 뒤의 치악산

은 초록 바다다. 숲에 들면 기분이 좋아진다. 왜 그럴까? 피톤치드와 세로토닌 덕분이다. 숲에서 만난 청춘 남녀가 환하게 웃으며 인사를 건넨다. 인사도 습관이다. 인사는 겸손이다. 공자가 책을 읽다가 가죽끈이 세 번이나 끊어졌다는 《주역》 64괘 중 최고 괘는 겸손할 '겸(謙)'이다. 왜 그럴까? 그만큼 실천하기 어렵기 때문이다.

산 날씨는 예측불허다. 시커먼 비구름이 몰려온다. 후드득후드득 빗살이 돋는다. 땀이 뚝뚝 떨어진다. 계곡 물소리, 풀벌레 소리, 솔바람 소리를 들으며 물아일체다. 북부지방 산림청에서 만든 매지 유아숲 체험원이다. 매년 3월 체험신청을 받아 운영한다. 아이들에게 숲 체험은 감성을 일깨우고 정서를 순화시킨다. 나무 토끼와 오리 솟대가 서 있다. 빗살이 세차다. 빗살 따라 나비와 잠자리가 자취를 감추었다. 자작나무와 당단풍, 낙엽송에서 장작 타는 냄새가 난다. 비 오는 날 숲은 냄새로 심신을 정화한다.

소설가 김훈은 "비는 살아 있는 것들 속에 숨어 있는 냄새를 밖으로 우려내서 번지게 한다"고 했다. 비옷을 입고 배낭 커버를 씌웠다. 사과 한 알을 꺼냈다. 사과는 아내가 챙겨주는 기력 보충제다.

임도를 벗어나자 회촌(檜村)마을이다. 백운산 서쪽 작은 마을이다. 전나무가 많아 '전어치'로 불렀다. 1914년 매지리에 편입되었고, 1970년대 화전정리사업으로 마을 사람 절반이 도회지로 떠났다. 회촌마을은 매년 음력 정월 대보름 달맞이 축제와 음력 5월 5일 단오 성황제로 유명하다. 100년 전통 매지농악은 강원도 무형문화재 제18호로 지정되었다. 마을 한가운데 농악전수관이 있다.

마을회관 앞에 비가 서 있다. 1984년 5월 25일 원성군 흥업면 매지리 회촌

동민이 세운 '공만춘(孔萬春) 공덕비'다. 공만춘은 매지리 647번지 밭을 마을 공동놀이터로 희사하였다. 땅 내놓기가 어디 쉬운가. 요즘 같으면 어림도 없는 일이다. 형제끼리도 소송하고 싸우는 세상인데 마을을 위해 가진 땅을 내어놓다니! 그때는 그랬다. 선조들은 그렇게 살았다.

마을을 벗어나 도로 따라 천천히 올라가자 '토지문화관'이다. 1층 전시장 앞에 박경리 선생 동상이 서 있다. '꿈꾸는 자가 창조한다(Greats Dream).' 선생은 토지 집필 기간 26년 중 18년을 원주 단구동 옛집(현 토지문학공원)에 살며 토지 4, 5부를 집필했다. 1994년 8월 15일 원고지 3만 매, 5부 16권에 이르는 대하소설을 마무리한 후 1998년 토지문화관으로 자리를 옮겨 10여 년을 살다가, 2008년 5월 5일 작고했다. 단구동 옛집은 1999년 5월 31일 '토지문학공원'으로 조성되어 원형이 보존되어 있다.

토지문학공원 박경리 동상

선생은 자작시 '옛날의 그 집'에서 단구동 옛집 풍경을 이렇게 회상했다.

　빈 창고같이 휑 덩그레한 큰 집에 밤이 오면 / 소쩍새와 쑥국새가 울었고 / 연못의 맹꽁이는 목이 터져라 소리 지르던 이른 봄 / 그 집에서 나는 혼자 살았다 / 다행히 뜰은 넓어서 / 배추 심고 고추 심고 상추 심고 파 심고 고양이들과 함께 정붙이고 살았다 / 달빛이 스며드는 차가운 밤에는 이 세상 끝의 끝으로 온 것 같이 무섭기도 했지만 / 책상 하나, 원고지 펜 하나가 나를 지탱해 주었고 / 사마천을 생각하며 살았다. 대문 밖에는 늘 짐승들이 으르렁거렸다 / 늑대도 있었고 여우도 있었고 까치독사 하이에나도 있었지 / 모진 세월 가고 / 아아 편안하다 늙어서 이리 편안한 것을 / 버리고 갈 것만 남아서 참 홀가분하다.

　얼마나 힘들었으면 궁형(宮刑)을 받았던 "사마천을 생각하며 살았다"고 했을까? 작가가 겪은 고통의 크기만큼 좋은 글이 나온다고 한다. 토지는 선생이 고독과 고통 속에서 펜과 원고지에 의지하여 26년 하루하루를 죽을힘을 다해 헤쳐 나왔던 한과 눈물의 비망록이다. 선생이 서울 정릉 집을 떠나 원주로 이사 왔던 1980년, 그는 홀로 이층집을 지켜야 했다. 선생은 당시 심정을 '문명'에서 이렇게 토로했다.

　물 새는 소리! / 악몽이다 / 어제는 수도꼭지가 터져 물바다가 되고 / 오늘 또 목욕탕 물탱크가 샌다 / 이리저리 살펴보고 만져보다가 / 모터 스위치 내려놓고 / 마룻바닥에 주질러 앉았다 / 유리창 밖은 새까만 어둠 / 새까만 어둠이다 / 유성에서 떨어진 외계인처럼 / 막막하기만 하다 / 이사 왔을 때 / 그때, 모터가 고장 나서 / 물 길어오던 눈길 / 넘어져서 엉엉 울었다 / 누가 와서 날 일으켜주지 않나 / 아이같이 울었다 / 꿈속에서도 물 새는 소리 / 밤 가운데 몽유병자처럼 공간을 헤매며 / 물탱크 수도꼭지 보일러실을 찾아다녔다 / 유리창 밖은 새카만 어둠 / 차가운 마룻바닥 / 길 잃은 아이처럼 / 마냥 겁이 난다.

'수도꼭지가 터지고', '물탱크가 새고', '모터가 고장' 났지만 도움을 청할 곳이 없었다. '물 길어 오다가 눈길에서 넘어졌지만' 일으켜 세워줄 이웃도 없었다. 고향이라면 친인척과 친구들이 금방 달려왔겠지만, 선생에게 객지란 외롭고 쓸쓸한 벌판이었다. 선생을 더 힘들게 했던 것은 인간의 눈길이었다.

단구동에 이사 온 후 쐐기에 쏘여 팔이 퉁퉁 부은 적이 있었고. 돌 틈에 땡삐, 팔작 팔작 나를 뛰게 한 적도 있었고 / 향나무 속의 말벌 떼에 얼굴 반쪽 엉망이 된 적도 있었고 / 뿐이랴. 아카시아 두릅 찔레도 각기 독기 뿜으며 나를 찔러댔다 / 차마 견딜 수 없는 것은 나보다 못 산다 하여 / 나보다 잘 산다 하여 / 나보다 잘 났다 하여 / 나보다 못 났다 하여 / 검이 되고 화살이 되는 / 그 쾌락의 눈동자 / 견딜 수 없었다.

인간들은 자신보다 약하면 깔보거나 업신여기고, 잘 났다 싶으면 깎아내리지 못해 안달이다. 선생은 작가 이전에 중년 여인이었다. 선생은 1926년 10월 28일 경남 통영읍 명정리 402번지에서 아버지 박수영과 어머니 김용수 사이에서 맏딸로 태어났다. 통영초등학교와 진주여고 졸업 후 1945년 김행도(金幸道, 1923~1950)와 결혼하여 1남 1녀(김철수, 김영주)를 두었다.

1979년 독립운동사편찬위원회가 펴낸《독립운동 자료집 별집 3 : 재일본한국인 민족운동 자료집》에 따르면 김행도는 일본 부산현 고강공예학교 재학 중이던 1942년 3월 일본 교사와 학생들이 조선인을 멸시하고 차별대우하는 데 맞서 '친교회'를 조직하여 민족의식 고취 활동을 전개하다가 1944년 3월 검거되어 7개월 23일간 복역한 후, 징역

2년, 집행유예 5년을 선고받고 풀려났다. 국가보훈처는 제75주년 광복절 기념 독립유공자로 선정하고 2020년 9월 3일 외손자인 토지문화관장 김세희에게 서훈(대통령 표창)을 전달했다. 김세희는 "외할아버지에 대해서는 돌아가신 외할머니(박경리)나 어머니(전 토지문화재단 이사장)한테 더 이상 들은 얘기가 없다. 그동안 행방불명으로만 알고 있던 외할아버지 행적과 기일에 대해 알게 되어 감사하다"고 했다. 경기 북부보훈지청장 황후연은 "국가보훈처 사료발굴단 조사를 통해 고인의 수형 기록 등 관련 자료가 확인되었고, 독립유공자로 선정된 후 유족을 수소문하다가 박경리 선생의 배우자라는 것을 뒤늦게 알게 되었다"고 했다. (2020년 9월 7일 〈원주투데이〉 8면)

1948년 김행도는 인천 전매국에 취직해 인천 금곡동으로 이사했으며, 집 가까운 곳에서 헌책방을 운영했다. 박경리 선생은 후일 "이곳에서 생활한 2년의 시간이 일생에서 가장 행복한 시간이었다"고 회고했다. 1949년 서울 흑석동으로 이사해 수도여자사범대학교(현 세종대학교) 가정과를 다녔다. 1950년 졸업 후 황해도 연안여중 교사로 있다가 한국전쟁으로 6개월 만에 집으로 돌아왔다.

남편이 부역 혐의로 서대문형무소에 수감되자, 아이 둘을 데리고 옥바라지를 했다. 형무소에서 남편이 행방불명되자, 통영으로 내려가 수예점을 하다가 1953년 서울로 돌아와 신문사에서 근무했다. 1954년 1월부터 1955년 2월까지 상업은행(현 우리은행) 용산지점에서 은행원으로 근무했다. 당시 은행 사보(社報)였던 〈천일〉 9호에 본명 '박금이'로 16연 159행 장시 '바다와 하늘'을 발표했다. 1955년 고향 친구가 세 들어 살던 김동리 선생 댁에 찾아가 글솜씨를 인정받았다. 이후 돈암동에 식료품점을 열고 '박경리'라는 필명으로 창작활동에 몰입하기 시작했다.

1955년 아들 김철수가 병원 치료 중 죽었다. 이 내용을 소재로 단편소설《불신시대》를 펴내 1957년 〈현대문학〉 신인문학상을 받았다. 1969년 9월부터 대하소설《토지》1부를 〈현대문학〉에 연재하기 시작했다. 1971년 유방암 수술을 받고 가슴에 붕대를 감은 채《토지》원고를 다시 쓰기 시작해 1부 연재를 마쳤다. 1972년 〈문학사상〉 창간호부터《토지》2부를 연재하기 시작했다. 1972년 시 '오적'으로 공안당국에 쫓기던 김지하가 운명처럼 선생의 집으로 찾아들어 다음 해 딸 김영주와 결혼했다. 1979년《토지》1, 2, 3부가 〈KBS〉 드라마로 만들어졌다.

1980년 서울 정릉집을 떠나 강원도 원주 단구동 옛집으로 이사했다. 1981년 《토지》4부를 〈마당〉과 〈월간 경향〉에 연재했고, 1992년 〈문화일보〉에 토지 5부 연재를 시작했다. 1994년 8월 15일 26년 만에 토지를 탈고했고 전 5부 16권 첫 완간본을 출간했다. 1996년 5월 17일 토지문화재단 재단이사장으로 취임하였고, 12년 후인 2008년 5월 5일 세상을 떠났다.

《토지》는 경남 하동 평사리 최참판댁을 중심으로 1897년부터 1945년까지 한국 근대사를 아우르는 대하소설이다. 선생은 1992년부터 93년까지 연세대 미래캠퍼스에서 창작론을 강의하고 강의 내용을 간추려《문학을 사랑하는 젊은 이에게》를 펴냈다. 선생은 이 책에서 작가 지망생에게 이렇게 당부했다.

작가는 칠흑과 안개를 향해 왜냐고 묻는 사람이다. 문학은 '왜'라는 질문에서 출발하고 '왜'라는 질문 자체가 문학을 지탱하게 한다. 작가는 고독해야 한다. 고독은 사고(思考)이며 창조의 틀이자 기본이다. 남이 만들어놓은 틀에 매달려 있으면 창작의 길이 막힌다. 보편성을 수립하면서도 창조는 늘 관례를 깨고 나가야 한다. 창조에는 복제품이 없다. 문학은 새로움을 향한 모험이어야 한다. 언어가 지닌 한계는 우리 삶의 한계이다. 작가는 언어와 피 흘리는 투쟁으로 존재한다. 가슴의 훈장도 명성도 물거품이다. 영원은 아닐지라도 한 생애에서 변치 않은 것을 찾아야 한다. 명예나 돈이 덧없는 것이라는 걸 깨닫지 못한다면 문학은 첫걸음부터 방향이 잘못된 것이다. 문학은 더듬이 같은 것이다. 모든 사물을 넓고 깊게 바라보며 삶의 본질에 접근해야 한다. 생명은 공평하고 그 자체가 진실이다. 풀 한 포기 꽃 한 송이일지라도 생명에는 다 존재가치가 있다. 예술은 생명에 접근하려는 행위이다. 나는 단 한 줄의 글을 쓸 때에도 막막하다. 인생이 막막하기 때문에 우리가 가는 것이며 소설도 막막하기 때문에 쓰는 것이다. 문학은 공부하는 것이 아니라 느끼는 것이고 온갖 것이 다 널려있는 세상을 보는 것이다.

문학 하는 자라면 곱씹어 보아야 할 주옥같은 말이다. 선생은 왜《토지》를 썼을까?《토지》를 쓰게 된 동기에 대해서 이렇게 말했다.

우리는 역사책을 통해 역사와 간접적으로 만난다. 어머니가 집안 내력을 들려주었다면 어머니를 통하여 사라진 조상의 여러 인물과 당시의 사물이며 사건들과 간접적으로 만나게 되는 것이다. 직·간접적인 만남이나 경험은 작품의 많은 부분을 지배하고 작품에 투영된다. 그게 언제 일인지, 아마도 외할머니한테 들은 얘기가 아닌가 싶다. 외할머니 친정은 거제(巨濟)였다. 외할머니 친정 집안일이었다. 그 집은 전답이 많아서 돌아보려면 말을 타고 다녀야 했다. 거제에 과연 그렇게 넓은 땅이 있었는지 의문이지만 아마 1902년 호열자가 창궐했던 그때 일이었다. 호열자가 들이닥쳐 마을의 많은 사람이 죽었는데 말을 타고 전답을 둘러보러 다녔다는 그 집안은 여식 아이 하나를 남겨놓고 가족이 몰살을 했다. 논에는 벼가 누렇게 익었는데 벼를 베고 추수할 사람이 없었다. 대강 그런 내용이었다. 그런데 그 얘기가 작가수업 시절 난데없이 어느 날 내 머리에 떠올랐다. 번개같이 지나간 그 얘기는 참 강렬했다. 호열자와 누런 벼, 그것은 죽음과 삶의 선명한 빛깔이었다. 그 맞물린 극과 극의 상황. 나는 흥분했고 떨쳐버릴 수 없는 의욕을 느꼈다. 그러나 바위에 주먹질하듯 무겁고 큰, 그것을 어쩌지 못하고 20년 가까이 마음속으로 삭였다. 호열자와 황금빛 벼, 죽음과 삶.《토지》를 쓰게 된 동기는 바로 그것이었다.

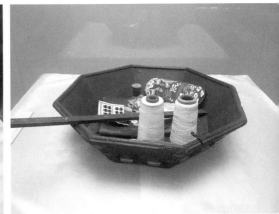

박경리 선생 유품(호미와 바느질)

토지문학공원 전시실에는《토지》필사본과 육필원고, 실타래, 장갑, 밀짚모자, 호미 등이 전시되어 있고, 집필실도 안내를 받아 둘러볼 수 있다.《박경리의 말》저자 경희대 교수 김연숙은《토지》읽기를 권한다.

나는 2012년부터 9년간 700여 학생과 함께《토지》를 읽었다.《토지》는 인간의 민얼굴을 보여주는 작품이다. 나에게는 서희의 모습도 있고, 길상의 모습도 있고, 조준구의 모습도 있다는 것을 읽을 때마다 돌아보게 된다. 20대에 한 번, 40대에 한 번, 60대에 한 번 읽으라고 권하고 싶다.《토지》는 지식인의 토론부터 생활에 밀착한 일상어와 사투리까지 다양한 층위의 언어를 구사한다. 낭독해보면 입말처럼 생생하게 살아난다.

원주 토지문화관과 토지문학공원, 선생이 태어나고 묻힌 경남 통영, 소설 속에 등장하는 경남 하동 최참판댁과 평사리마을을 연결하는 '토지문학 기행' 콘텐츠를 만들어 보면 어떨까? 탐정소설 셜록 홈스의 도시는 영국 런던이다. 소설 속에 등장하는 가상의 인물을 만나기 위해 많은 나라 독자들이 런던을 찾고 있다고 한다.

전남 장흥군 회진면 진목마을은 《서편제》와 《당신들의 천국》 저자 소설가 고 이청준(1939~2008)의 고향이다. 한국인 최초로 세계 3대 문학상 중의 하나인 '맨부커 인터내셔널상'을 받은 소설가 한강과 아버지 한승원의 고향이기도 하다. 장흥군은 현역 등단작가가 120여 명이라고 자랑하고 있다. 2019년 2월 옛 장흥교도소를 사들여 영화와 드라마 촬영지로 활용하고 있으며 추가로 103억 원을 투입해 '장흥문화예술촌'으로 꾸며 2024년 문을 열 계획이라고 한다. 원주는 유네스코 창의도시이자 문학도시다. 문학도시에 걸맞은 콘텐츠를 만들어 젊은 이들이 찾아오게 해야 한다.

토지문화관을 지나자 연세대학교 미래캠퍼스다. 캠퍼스 자리는 원래 매남동(梅南洞)이었다. 매는 '들'이고 '남'은 남쪽이지만, 한자는 매화 '梅(매)' 자를 쓴다. 한자로 옮기는 과정에서 들판이 매화가 되었다.

매남동은 벌매남과 골매남으로 나뉜다. 벌매남은 기숙사와 운동장 자리, 골매남은 도서관과 학생회관 자리다. 캠퍼스가 생기기 전, 벌매남과 골매남 사이에 밤나무 고개가 있었는데 나무가 무성하여 밤중에 홀로 넘기가 무서웠다고 한다. 캠퍼스가 들어서면서 마을은 가까운 세동마을 남쪽 '배나무들'로 옮겨갔다. 그곳에는 큰 옻나무 뿌리에서 나오는 옻 샘이 있었는데, 여름철에도 손을

연세대 미래캠퍼스 매지리 호수길(네이버 블로그 bbongh0357 제공)

담글 수 없을 정도로 물이 찼고 속병에도 효험이 있었다고 한다. 아쉽게도 택지 개발로 사라졌다.

매남동에는 '매내미 개울'도 있었다. 현재 캠퍼스 입구 다리 밑이다. 여름이면 떡을 감고, 밤이면 목욕하고, 횃불을 들고 고기 잡던 곳이다. 다리 밑에는 큰 바위와 깊은 소(沼)가 있었는데, 보리밥을 먹고 바위 부근에서 물장구치며 놀다 보면 방귀가 자주 나와서 '방구바위'로 불렀다. '방구바위' 한 곳을 돌로 두드리면 북소리가 났다. 사람들은 마을 도깨비 터와 연결된 바위라고 하여 북소리를 들어보려고 두드려보곤 했다. '방구바위'는 대학부지조성과정에서 제방 속에 묻혔다.

이곳에서 100여 미터 떨어진 곳에 도깨비 터도 있었다. 이 터에는 어떤 농부가 살았는데 저녁마다 도깨비가 나타나 재미있게 놀다 가면서 많은 재물을 주었고, 농부는 금방 부자가 되었다고 한다. 난리 통에 집이 불타면서 도깨비 터도 사라졌다.

옛것과 새것이 공존하고 자연과 인간이 조화를 이루는 삶은 어려운 걸까? 택지와 대학교 부지 조성으로 사라져 버린 매남동 모습을 떠올리며 캠퍼스 임도로 들어섰다. 2.5km 임도는 고즈넉한 사색 숲이다. 한참을 오르자 전망대가 나타난다. 캠퍼스와 푸른 호수가 펼쳐진다. 캠퍼스 임도는 봄에는 진달래 숲길로 유명하다.

매지 저수지다. 환경부, 한국농어촌공사, 원주시가 공동으로 2019년 3월부터 12월까지 야생동물보호와 거북섬 생태계 회복에 힘을 쏟아 민물가마우지와 흰뺨검둥오리, 원앙, 청둥오리, 왜가리, 중대백로가 날아오고 있다. 봄에는 야생화가 만발하고 가을이면 형형색색 단풍으로 물드는 '캠퍼스길'이다. 가까운 곳에 이런 산책로가 있다는 건 축복이다.

저수지를 나오자 비가 서 있다. 고 이순학 대위 순직 기념비다. 이순학은 육군 제27사단 포병사령부 소속 장교였다. 1964년 6월 22일 원주시 흥업면 대안리 상공에서 헬리콥터 고장으로 추락하여 순직하였다. 기념비는 1964년 11월 10일 원주시 일산동 54-2번지 옛 원성군청 자리에 있었으나 강원감영 복원사업으로 2001년 10월 21일 이곳으로 옮겼다. 노산 이은상 선생의 애도 글이 있다.

【산새같이 날아와서 산꽃처럼 져 버렸네 / 명봉산 아침저녁 산새들 노래하고 / 넋인들 차마 어이 이 땅을 떠나리오 / 포복산 봄가을에 산꽃이 피어나면 / 푸른 숲 바라 볼 적마다 그대 이름 외우리 / 대대로 이 고장 겨레들 / 그대 이름 외우리.】

고 이순학 대위 순직비

　그때는 작전 임무 수행 중 순직한 장교에게 예우를 갖춰 장례를 치르고 기념
비까지 세워주었다. 그런데 지금 우리의 현실은 어떤가?

사관이 탄식했다

비 그친 뒤 볕이 났다. 50일째 계속되는 장마에 물기 머금은 숲이 후끈하다. 후덥지근한 습기가 폐부 속에 스민다. 구슬 같은 땀방울이 이마에 송송 맺힌다. 새 길은 언제나 호기심으로 설렌다. '꽃양귀비길'은 흥업면 무수막리에서 관설초등학교에 이른다. 신상철 선생이 동행을 자청했다. 원주는 충절의 고장이다. 불사이군(不事二君) 정신으로 지조와 절개를 지켰던 선비가 있다. 운곡(耘谷) 원천석과 생육신(生六臣) 관란(觀瀾) 원호다.

운곡은 조선 개국의 명분이었던 '폐가입진(廢假立眞)[1]'이 엉터리 명분이라고 설

....

1) 폐가입진(廢假立眞) : 고려 우왕, 창왕, 공양왕은 왕 씨가 아니라 공민왕 때 승려였던 신돈의 자식이

파하며, 치악산에 은둔하다 생을 마쳤다. 운곡은 고려 말과 조선 초 일을 시조집(6권)에 기록하고 "어진 자손이 아니면 열어보지 말라"고 했다. 현재 2권(1,440수)만 전해지고 4권은 찾지 못하고 있다. 《고려사》와 《동국통감》에 '운곡시사(耘谷詩史)'가 나온다. 퇴계 이황은 "운곡의 시는 역사다"라고 했다. 치악산에는 태종대와 수레너미재, 각림사, 노구소, 횡지암 등에 운곡과 제자였던 태종 이방원 이야기가 전해온다. 원주시 행구동에 묘소가 있으며 원주 얼 광장과 영정을 모신 창의사가 있다.

관란 원호 묘갈

원호는 '꽃양귀비길' 톱스타다. 금성산 들머리다. 계곡물이 세차다. 물길이 바위에 부딪혀 하얀 물보라를 내뿜으며 콸콸 쏟아진다. 맑고 힘찬 물소리가 잡념을 씻어낸다. 숲에 들었다. 숲은 물 먹는 하마다. 이마에서 땀방울이 뚝뚝 떨어진다.

금성산 갈림길까지 숨찬 오르막이 계속된다. 쉴 때마다 땀방울이 이마와 가슴을 적신다. 이럴 땐 빡빡머리가 얼마나 시원한지 모르겠다. 멈출 때마다 땀 냄새를 맡고 모기가 달려든다. 해충기피제를 뿌렸다. 친환경 제품이라고 했지

....

므로, 가짜 왕을 폐하고 진짜 왕을 세워야 한다는 주장. 《고려사》는 공민왕 때까지 역사만 기록했다.

만 신선생은 분무가 싫다고 했다. 몸을 말리던 살모사가 쏜살같이 달아난다. 비 갠 산은 매미 소리로 울창하다. 잠자리가 날고 하얀 나비와 검은 나비가 원추리꽃에 살짝 내려앉는다. 산딸기 한 알을 입에 넣었다. 시큼털털하다. 도로 건너 한라대학교 뒷산에 솜털 구름이 담요를 깔고 누워있다.

금성산 갈림길을 지나자 '꺽은봉'이다. 비닐로 씌운 표지판이 바람에 흔들린다. 용수골 갈림길에서 자칫 길을 놓칠 뻔했다. 갈림길에서 길을 잃는 경우는 두 가지다. 대화에 빠지거나 속도전을 펼칠 때다. 배낭에 달고 다니던 리본을 나뭇가지로 옮겼다. 갈림길에서 리본 하나가 몇 시간을 좌우한다. 사는 일도 그렇다. 어떤 선택을 할 때 올바른 방향을 알려주는 신호가 있다면 시행착오를 겪지 않아도 된다. 성공이든 실패든 경험은 기록하고 공유해야 한다. 기록하지 않은 경험은 사라지고 만다.

살아남은 소나무

용수골 내리막이다. 소나무 한 그루가 우뚝하다. 주변 나무는 베었지만 한 그루만 살아남았다. 신선생은 "나무가 워낙 인물이 좋아서 주인도 어쩔 수 없었을 것"이라고 했다. 사람도 그렇다. 너무 뛰어나면 살아남든가 거세되든가 둘 중에 하나다. 판부면 서곡리 용수골이다. 용수골은 백운산 계곡을 끼고 있어 물이 풍부하고 유사시 피신하기 좋다.

동네 한가운데 오래된 목조건물이 있다. 천주교 후리사 공소다. 후리사(厚理寺)는 신라 때 절이다. 서곡대사가 지었다고 한다. 동네 이름도 서곡리다. 천주교 공소는 박해시대 산물이다. 1800년 6월 28일 정조가 죽고, 이듬해 순조 1년 (1801) 1월 10일, 정순왕후의 사학 엄금 지시를 신호탄으로 박해가 시작되었다. 정순왕후(영조 계비)와 노론 벽파는 '정학(正學 : 주자학)에 반하는 사교(邪敎) 확산을 막기 위해서'라고 했지만, 속셈은 정적이었던 남인 시파를 제거하기 위해 기획한 각본이었다.

후리사 공소

당시 천주교와 연루되었던 이가환(천주교 서적을 읽긴 했으나 곧 버렸다. 남인이라는 이유로 매 맞고 옥에서 단식하다 죽었다), 이승훈(조선 천주교 최초 세례자이며 정약용 매부다. 배교했으나 참수되었다), 이벽(정약용 맏형 정약현의 처남이다. 가성직 제도가 있을 때 신부로 활동했고 정약용에게 천주교를 가르쳤다. 부친이 배교를 종용했으나 거부하다가 집안에 갇혀 죽었다. 독살설도 있다)이 1801년 신유박해 때 죽자, 가족과 친지들은 원주시 흥업면 매지리 분지울로 피신하였다. 1839년 기해박해가 시작되자 다시 백운산과 덕가산으로 숨어들었다. 이후 박해가 뜸해지자 산에서 내려와 교우촌을 이루었다. 공소 초기에는 교우 집을 사용했는데 1952년 봄 한국전쟁 때 불타자, 공소 회장 조성준이 집터를 기증하여 현 건물을 지었고, 원동성당을 이 바드리시오 신부가 축성하였다.

다리 건너 산자락에 서곡사지 석탑과 부재를 모아놓은 유적지가 있다. 고려 말 목은 이색이 《목은고(牧隱藁)》에서 말한 서곡사유물로 추정된다. 민족항일기 조선총독부 보고서 《조선고적조사약보고(1914)》에는 "원주에는 철불, 석불, 석탑이 널려있어 경주도 놀라 맨발로 도망갈 정도다"라고 했다.

용수골 꽃양귀비마을 직거래 장터다. 매년 5월 '꽃양귀비 축제'가 열린다. 그때가 되면 마을이 온통 빨간 꽃양귀비로 뒤덮인다. 백운산 계곡 물소리를 들으며 커피도 마시고 사진도 찍는 외지인으로 넘쳐난다. 마을을 벗어나자 긴 배수로다. 새끼 돼지 한 마리가 배수로에 빠져 낑낑댄다. 집을 뛰쳐나와 발목까지 올라오는 물속에서 평생 처음 몸을 씻었으나 출구가 없어 올라올 수 없다. 나무판을 던져주자 그 위에 발을 올리고 눈치만 보고 있다. 마침 동네 할머니 한 분을 만났다. 할머니는 주인이 누군지 안다고 했다. 돼지는 그날 이승에서 처음이자 마지막(?) 화려한 외출을 마치고 집으로 돌아갔다.

사람들은 축사를 만들 때 동물에 대한 배려가 없다. 오로지 돈만 따진다. 시골길을 다녀보면 경치 좋은 곳엔 예외 없이 집을 짓고 있다. 산을 깎고 나무를 베었다. 보금자리를 잃은 동물은 살 곳이 없다. 당연히 먹을 것도 없다. 밤마다 내려와 농작물을 파헤친다. 허수아비를 세우고 그물을 치고 기피제를 뿌리고 사이렌을 울리지만, 죽기 살기로 덤비는 동물에겐 어쩔 도리가 없다. 이건 인간이 자초한 거다. 자연의 보복이 시작되었다.

숲이 없어지자 전염병이 퍼졌다. 사스, 에볼라, 신종플루, 메르스, 코로나19에 이르기까지 지구촌을 휩쓴 바이러스는 동물한테서 왔다. UN 보고서는 전염병의 75%가 동물한테서 온다고 했다. '코로나19' 중간숙주 천산갑도 그렇다. 나무 구멍에서 사는 천산갑을 잡으려고 연기를 피우고 숲을 베어냈다. 천산갑이 뭐라고! 인간은 몸에만 좋다면 무슨 짓이라도 한다.

생태학자 최재천은 2020년 8월 17일 〈조선일보〉 칼럼에서 "2년 전 유튜브에 불도저가 밀어내는 나무를 붙들고 절규하듯 온몸으로 항거하는 오랑우탄 동영상이 올라와 마음을 아프게 했다. 인도네시아 곳곳에서 야자유(Palm Oil) 농장을 만드느라 열대우림이 무서운 속도로 사라지고 있다. 사냥은 엄연히 불법이건만 밀렵꾼들은 엄마 오랑우탄을 죽여서 맷고기(Bush Meat)로 유통하고, 아기는 애완용으로 팔아넘긴다. 매년 2천~3천 마리씩 사라지고 있다. 오랑우탄은 이제 야생에 5만~6만 마리밖에 남지 않았다"고 했다.

인간이 인간다워야 인간이지, 이런 자들을 어찌 인간이라고 할 수 있겠는가?

지구가 펄펄 끓고 있다. 사람은 체온이 1~2도만 올라도 죽겠다고 난리인데 지구는 어떻겠는가? 어떻게 살 것인가? 조금 불편하게 살자. 일회용 컵이나 비닐, 플라스틱을 줄이자. 웬만한 거리는 걸어 다니자. 누구는 "내가 살아 있는 동안만 괜찮으면 된다"고 하지만 무책임한 말이다. 초롱초롱한 아이들의 눈동자를 보라. 어떻게 그런 말이 나오는가?

복숭아 과수원이다. 낙과가 절반이다. 냉해와 오랜 장마 등 기상이변 때문이다. 2020년 4월 5일 기온이 뚝 떨어졌다. 0.1도였다. 꽃눈이 새카맣게 얼었다. 냉해를 입으면 열매가 열리지 않거나 열려도 상품 가치가 없다. 7월 1일부터 8월 16일까지 8일만 빼고 계속 비가 왔다. 8월 상순 강수량은 평년 106.9mm의 3배인 350mm였다. 생산량은 줄었지만, 상자값과 농약 대금은 그대로다. 과일 농사는 적자다. 낙과를 파묻지 않고 파는 방법은 없을까? 농부 속이 타들어 간다.

저수지 둑방에 퍼질러 앉았다. 신선생이 사과 한 개를 건네준다. 땀 흘리고

흥업저수지

먹는 맛이 꿀맛이다. 매미 소리 울창하고, 야생화는 청초하다. 찰랑거리는 수면 위로 새떼가 비상한다. 날갯짓에 물보라가 하얗게 일어난다. 산안개가 걷히자 햇볕이 후끈하다.

저수지를 벗어나자 지방도가 길게 이어진다. 도로 가까운 곳에 관란(觀瀾) 원호(1396~1463) 묘역이 우뚝하다. 신선생은 이곳이 처음이라고 했다. 그는 "얼마 전에도 이 길을 걸었는데 그때는 둘러 볼 새도 없이 그냥 지나쳤다"고 했다. 이젠 주변도 둘러보며 쉬엄쉬엄 걸어가자. 생활 주변에서 일어나는 크고 작은 사고 원인의 대부분은 빨리 빨리다. 빨리 빨리해야 돈이 된다고 하는데 사고가 나면 감당이 안 된다. 제발 한 템포만 늦추자. 길 걷는 것도 그렇다. 왜 그렇게 서두르는가?

묘역으로 향했다. 원호는 세종 5년(1423) 문과에 급제하여 부윤(府尹)을 지냈고, 벼슬은 집현전 직제학에 이르렀다. 단종 1년(1453) 10월 수양대군이 난을 일으켜 정권을 잡자 벼슬을 버리고 낙향했다. '탄세사(歎世辭)'에 원망과 각오가 절절히 배어있다.

저 멀리 동쪽 언덕을 바라보니 / 솔잎 새파랗게 우거졌네 / 그 솔잎 따다 찧어서 / 주린 창자 요기나 하여볼까 / 눈은 가물가물 하늘 저 멀리 달리는데 / 마음은 어둡고 침침하고 / 구름은 하늘 가득히 덮었구나 / 백이숙제 높은 절개 뉘 있어 짝이 되리 / 수양산에서 고사리 캐던 일 / 세상 사람 모두가 의(義)를 저버리고 녹(祿)을 따르니 / 나 홀로 몸 더럽히지 않고 깨끗하게 헤맨다네.

세조 2년(1456) 사육신이 주도한 단종복위운동이 실패로 돌아가고, 다음 해 6월 단종이 청령포로 유배되자, 원호는 생육신 조려(1420~1489)와 함께 단종을 만나고 돌아와 영월 서강 벼랑 위에 초가집 짓고 밭을 일구어 얻은 채소를 표주박에 담고 글을 써서 강물에 띄워 보냈다.

시조 한 수가 《청구영언》에 실려있다.

"간밤에 울던 여울 / 슬피 울어 지나가다 / 이제 와 생각하니 / 임이 울어 보내도다 / 저 물이 거슬러 흐르고져 / 나도 울어 보내도다."

세조 3년(1457) 10월 24일 단종이 죽었다. 유배된 지 4개월 만이다. 《세조실록》은 "노산군이 스스로 목매어서 졸하니 예로써 장사 지냈다"고 했다. 역사는 승자의 기록이다. 스스로 자결했다는 사관(史官)의 말을 믿을 수 있겠는가? 당시는 누구든지 세조와 쿠데타 세력의 눈 밖에 나면 살아남을 수 없었다.

원호는 단종이 죽자 백덕산에 들어가 오두막을 짓고 3년 상을 치렀다. 세조가 호조 참의에 제수하였지만 응하지 않았고, 앉을 때나 누울 때나 단종 능이 있는 동쪽으로 머리를 두었다. 예종 1년(1469) 《세조실록》 편찬 기사관으로 있던 손자 원숙강이 죽었다. 원숙강은 사초를 보다가 사관의 이름이 있는 것을 보고 "이렇게 하면 사관 중 직필할 자가 누가 있겠느냐"고 하며 동료들과 의논하여 시정하여 달라고 건의했다.

세조는 죽었지만, 한명회가 두 눈 시퍼렇게 뜨고 살아 있을 때였다. 한명회는 당장 원숙강을 잡아들였다. "네가 뭔가 보고 들은 게 있고, 의도가 있어 한 말이 아니냐?" 추궁이 이어졌지만 원숙강은 완강하게 부인했다. 동료를 잡아들였다. 민수는 "원숙강이 처음에는 사초를 직필하였으나, 재상의 보복이 두려워 고치고 지웠다"고 했다. 한명회는 사초를 고친 죄를 물어 원숙강을 죽였다. 원숙강의 조부였던 원호에게 괘씸죄를 물은 것이다. 억울한 죽음이었다.

소식을 들은 원호는 평생 지었던 책을 불사르며 "후손은 이씨 왕조에서 절대로 명리(名利)를 구하지 말라"는 유언을 남겼다. 숙종 25년(1699) 판부사(判府事) 최석정의 건의로 2년 후 정려각(旌閭閣)이 세워졌고, 숙종 29년(1703) 칠봉서원에 배향되었다. 불사이군의 정신으로 절의를 지켰던 원호의 삶이 남겨준 교훈은 무엇일까?

다시 도로로 나섰다. 잡초에 묻혀 지나칠 뻔한 곳이 있다. '임진왜란 호성공신 형제묘역'이다. 형제는 이응순(1565~1641)과 이응인(1567~1617)이다. 이응순은 원주이씨 시조 이춘계 18세 손이다. 할아버지 분(芬)은 무과에 장원하여 안주 목사와 좌승지를 지냈고, 아버지 욱(旭)은 무과에 급제하여 동지중추부사를 지냈다. 형제는 모두 무과에 급제하였다. 이응순은 임진왜란 때 선전관으로 활약했고, 이응인은 7년간 왕실 수레 관리를 총괄했다. 지금으로 말하면 청와대 차량 관리 책임자다.

임진왜란이 일어나자 선조는 의주로 피신했다. 안주에 이르러 청천강 물이 넘치자 형 이응순은 임금을 업고, 동생 이응인은 임금을 호위하며 건너갔다. 왜구와 접전이 벌어졌다. 이응인은 귀가 잘리고 어깨에 큰 부상을 입었다. 선조는 자신의 소매를 찢어 피 흘리는 이응인을 싸매주며 "경들의 충정이 이와 같을진대 불천지위(不遷之位 : 공훈이 큰 자에게 사당에 모시도록 허락한 신위)의 영예를 허락하노라"라고 하였다. 임진왜란이 끝난 후 이응순은 3등 호성공신, 이응인은 3등 위성공신에 봉했다. 벼슬은, 이응순은 훈련도정, 이응인은 내금위장(경호실장)에 이르렀다. 두 사람 모두 인조 때 죽었는데, 장례 때 예관이 영정을 들고 내려와 장례 절차를 주관했고, 자손에게 사패지(賜牌地 : 사방 10리 관설동, 판부면) 30만 평을 하사했다. 이응순 묘는 관설동에 있었으나 중앙고속도로가 나면서 이곳으로 이장했다.

《조선왕조실록》 선조 37년(1604) 6월 25일은 "공신[2]을 대대적으로 봉하였다. 서울에서부터 의주(義州)까지 시종 어가(御駕)를 모신 사람을 호성공신(扈聖功臣)으로 삼고, 왜적을 정벌한 제장(諸將)들과 군량을 주청하러 간 사신들을 선무공신(宣武功臣)으로 삼고, 이몽학의 난을 토벌한 자를 청난공신(淸難功臣)으로 삼아, 모두 3등급으로 나누고 차등 있게 봉호(封號)를 내렸다"고 했다.

호성공신(86명) 중 1등 공신은 이항복과 정곤수, 2등 공신은 신성군과 정원군, 유성룡, 이원익, 윤두수 등 31명, 3등 공신은 허준과 이응순 등 53명이었다. 호성공신에는 왕자, 의사, 숙수(요리사), 마부(운전기사) 6명, 내시 24명도 있었다. 선무공신은 18명이다. 1등 공신은 이순신, 권율, 원균, 2등 공신은 김시민과 이억기, 이정안 등 5명, 3등 공신은 10명이었다.

선무공신 가운데 의병장은 한 명도 없다. 포상은커녕 옥에 가두고 때려죽였다. 의병장 김덕령은 임진왜란 중 충청도 부여에서 일어난 이몽학 난(1596년)과 연루되었다고 몰아세워 직접 국문해서 때려 죽였다. 일본군 선봉대를 의령에서 물리쳐 전라도 진출을 막았고 진주대첩을 지원해 승리로 이끌었던 홍의장군 곽

....

2) 공신은 본인만 아니라 가문의 영광이었고, 노비, 말, 은전, 전답을 주고 적자(嫡子)에게 세습되었다. 공신에는 임금이 죽은 뒤에 위패를 모실 때 함께 종묘에 제향하던 배향공신(配享功臣)과 훈공을 포상한 훈봉공신(勳封功臣)이 있다. 훈봉공신은 정공신(正功臣)과 원종공신(原從功臣)으로 나뉜다. 정공신은 큰 공을 세운 자에게, 원종공신은 작은 공을 세운 자에게 주었다. 공신은 3등급으로 나누어 녹권을 주었다. 첫째, 본인 벼슬 1~2등급 올려준다. 둘째, 아들과 손자는 무시험으로 관리로 채용한다. 셋째, 후세에 죄를 짓더라도 사면해준다. 넷째, 부모에게도 벼슬을 준다. 다섯째 아들이나 손자 중 한 사람에게 벼슬 한 등급을 올려주고, 죽은 자도 벼슬을 높여주고, 노비도 면천(免賤)한다(1등 공신은 1, 2, 3, 4, 5, 2등 공신은 1, 2, 3, 5, 3등 공신은 1, 2, 3 혜택을 주었다).

재우는 선무공신에 들지 못하고 이몽학 난 연루 혐의를 받고 투옥되었다가 풀려났다. 1593년 3월 함경도에서 가토기요마사 부대를 대파했던 의병장 정문부도 선무공신에 들지 못했다.

이런 자가 조선의 임금이었다. 선조가 하는 말을 들어보자.

"원균이 승전하고 노획한 공이 이순신과 같았는데, 도리어 이순신에게 빼앗긴 것이다." (선조 36년, 1603년 6월 26일)

"중국조정에서 군사를 동원해 강토를 회복했다. 이것은 호종하는 신하들이 충성스러운 덕분이지 장졸들은 실제로 적을 물리친 공로가 없다." (선조 35년, 1602년 7월 23일)

이게 말이나 되는 얘기인가?

이런 자가 선조였다. 선조는 태어나지 말았어야 할 인간이었다. 그래도 이순신이나 의병장 같은 신하 복은 있어서 나라를 건사할 수 있었으니…….

사관이 탄식했다. 《선조실록》(선조 37년, 1604년 10월 29일)에 다음과 같이 적었다.

"임진왜란 때 창의하여 절개를 세운 사람이 있다. 정인홍, 김면, 곽재우는 영남에서 의병을 일으켰고, 김천일, 고경명, 조헌은 호남에서 절개를 세우다 죽었다. 그들의 공은 뒷날 나약한 사람을 굳세게 하기에 충분하였다. 호성공신, 선무공신은 그 숫자가 104명이나 된다. 의병장은 빠지고 심지어 고삐를 잡는 천례(賤隷)와 명을 전달하는 자까지 거두어들여 공신반열에 올렸으니 어찌 후세의 비웃음을 사지 않겠는가?"

땅을 치며 통곡할 일이다. 전장에서 목숨 걸고 싸웠던 장수나 의병장은 때려죽이고, 나만 살겠다고 도망치는 임금을 곁에서 보좌했던 자는 우대해 준

선조였다. 이러니 누가 목숨 걸고 나라를 지키려 하겠는가. 예나 지금이나 논공행상은 반목과 갈등의 불씨가 되어 권력을 뒤흔드는 태풍이 되기도 한다. 돌아보면 등장인물은 달라도 역사는 반복된다. 역사 드라마 작가 고 신봉승 (1933~2016)은 "역사를 알면 한 뼘 땅에서도 숨은 사연을 찾아내는 행복감에 젖어볼 수 있다"고 했다. 선조는 참 나쁜 임금이었다.

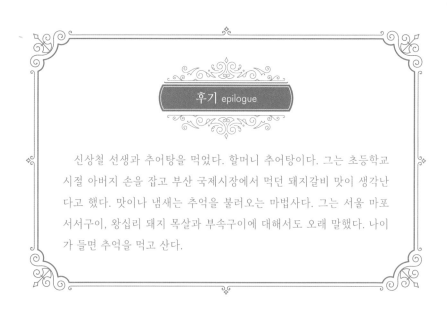

후기 epilogue

신상철 선생과 추어탕을 먹었다. 할머니 추어탕이다. 그는 초등학교 시절 아버지 손을 잡고 부산 국제시장에서 먹던 돼지갈비 맛이 생각난다고 했다. 맛이나 냄새는 추억을 불러오는 마법사다. 그는 서울 마포 서서구이, 왕십리 돼지 목살과 부속구이에 대해서도 오래 말했다. 나이가 들면 추억을 먹고 산다.

혁신도시에 혁신이 있을까?

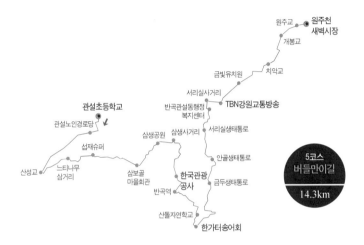

처음에는 고개를 갸웃했다. 왜 도시 이름에 혁신을 넣었을까? 혁신은 결과가 아니라 과정이다. 혁신은 '묵은 조직, 풍속, 습관 따위를 바꾸거나 버리고 새롭게 한다'는 뜻이다. 논밭이었던 마을에 공공기관이 들어섰다. 혁신도시다. 다른 이름은 없었을까?

정부는 2004년 수도권 인구집중 해소와 지방의 균형발전을 위해 '국가균형발전 특별법'과 '공공기관 지방 이전에 따른 혁신도시 건설 및 지원에 관한 특별법'에 의해 11개 광역 시·도에 10개 혁신도시를 건설하고, 2005년부터 수도권에 있는 공공기관을 지방으로 이전하기 시작했다. 2006년 1월 원주시 반곡동 일원이 혁신도시 지구로 지정되었고, 2021년 6월 말 현재 한국관광공사,

혁신도시 건강보험공단 뒤로 눈 쌓인 치악산이 은백이다.

건강보험심사평가원 등 11개 공공기관이 입주해 있다.

굽이길은 관설동에서 출발하여 반곡동 혁신도시 중심부를 관통하는 17.5km '버들만이길'이다. 반곡동(盤谷洞)은 지형이 소반처럼 생겼고, 관설동(觀雪洞)은 들이 너르다고 '벌논'이었는데 음이 변해 '볼눈'이 되었고, '볼눈'을 한자로 옮기면서 관설(觀雪)이 되었다. 조선 중기 문신 허후(1588~1661)가 이곳에 살며 호를 관설이라 하였다. 그는 효종이 죽자 효종 모친 조 대비의 상복 기간을 둘러싸고 서인 송시열과 논쟁을 벌였던 남인 영수 허목과 육촌지간이다. 강원감영에 근무하던 효자 황무진(1568~1652 : 문막 반계리 충효사에 봉안)이 허후를 흠모하여 수시로 문안드렸다는 일화가 전해져 온다.

반곡관설동은 1895년 충주부 원주군 부흥사면이었으나 1914년 유만동, 월운정, 후동, 삼보동, 한가터, 방묘동을 통합하여 판부면에 속해 있다가 1973년

7월 1일 반곡동, 1998년 반곡관설동이 되었다. 자연마을로는 뒷골(후동 : 반곡역 앞마을), 배울(배가 드나듦), 뱅이두둑, 버들만이(버드나무가 많다고 유만동), 봉대(鳳垈 : 봉황이 내려앉은 형상, 봉두라고도 함), 삼보골, 서리실(瑞李實 : 배나무와 자두나무가 많았다), 입춘내, 한가터 등이 있고 통일신라 이전 축조된 것으로 추정되는 금두산성(金頭山城)이 있다.

다리를 건너자 관설동 노인정이다. 공덕비가 서 있다. 공덕비나 선정비에는 이름을 남기려는 인간의 심리가 반영되어 있다. 강원감영에도 관찰사 선정비가 모여 있다. 그중 하나는 글자를 파서 없애버렸다. 왜 그랬을까? 다산 정약용은 《목민심서》에서 "돌에 덕을 칭송하는 글을 새겨 오래도록 기리는 것이 선정비다. 어찌 마음속 깊이 부끄러운 바가 없다고 하겠는가?"라고 했다. 돌에 새긴다고 흔적이 바뀌겠는가?

공덕비나 선정비가 무슨 소용이 있겠는가. 자리에 있을 때 선정을 베풀면 입에서 입으로 회자(膾炙)하기 마련이다. 살아서는 벼슬에 목을 매고, 죽어서는 돌에 이름을 새겨 두고두고 자신을 기억해주기 바라지만, 부질없는 짓이다. 아무리 뛰어난 업적을 거두고 이름을 떨쳤다 하더라도 시간과 더불어 잊혀지기 마련이다. 순간순간 하루하루 열심히 살다 가면 되지 않겠는가. 인생은 연극이다. 아무리 뛰어난 배우도 불이 꺼지면 무대에서 내려와야 한다.

원주천 따라 벚나무 길이 이어진다. 섭재마을이다. 섭재는 '숲 고개'다. 마을 입구에 성황당이 있다. 문 앞에 새끼줄이 둘러 있고 소나무 세 그루가 감싸고 있다. 조선은 성리학으로 통치했지만, 민초는 부처와 성황신에 의지하여 고단한 삶을 견뎌낼 수 있었다. 마을 한가운데에 500년 된 느티나무가 서 있다. 높이 25m, 둘레 6m 30cm다. 1982년 11월 13일 보호수로 지정되었다. 마을 역사를 지켜본 산 증인이다.

섭재슈퍼에서 '치악산 막걸리' 한 병을 샀다. '치악산 막걸리'는 돌아가신 장인이 좋아해서 처가에 갈 때마다 챙겨가곤 했다. 막걸리는 '코로나19' 시대 애주가들이 즐겨 찾는다고 한다. '섭재삼보길'이다. 삼보마을이 시작된다. '삼보(三寶)'는 '좋은 산', '좋은 물', '좋은 인심'이다. 마을회관은 코로나19로 문 닫은 지 오래다. 건강보험공단 벽에 변종윤 시 '여름날의 추억' 현수막이 붙어있다. '하늘엔 뭉게구름 정답게 뜀박질하다.' 현수막 뒤 치악산과 어우러져 가을 풍경을 자아낸다. 하늬바람 타고 사마귀가 날고, 메뚜기가 뛴다.

반곡역이다. 1941년 개통 당시 심었다는 왕벚나무에서 카리스마가 느껴진다. 반곡역은 민족항일기 때 만든 중앙선 간이역이었다. 1970년 화물 취급이 중단되고 2007년 폐역이 되었다. 2014년 혁신도시가 들어서면서 활기가 돌았으나 원주 제천 간 복선 전철이 생기면서 2021년 1월 5일 역사 속으로 사라졌다. 역 건물은 국가 등록문화재 제165호로 지정되었다.

2009년 반곡역 갤러리(관장 박명수)에서 '철도역사를 담은 반곡역 옛 사진전'이 열렸다. '땀의 소리', '똬리굴의 역사', '옛 백척교와 길아천교', '반곡역의 봄', '백척교의 흔적', '영혼추모탑' 등이 눈길을 끌었다. 갤러리 관장 박명수는 "일제 강점기 때 강제노역에 끌려가 철도를 놓던 선조들의 아픔을 기억하고 나누기 위해 전시회를 기획했다"고 했다. 반곡역 개통과 똬리굴 공사 모습을 담은 사진이 곳곳에 배치되어 있다.

원주역 급수탑

　원주에는 8개 역이 있었다. 간현을 비롯해 동화, 만종, 원주, 반곡, 금교, 치악, 신림역이다. 1958년 문을 연 간현역은 철길이 바뀌면서 폐역이 되었으나, 2013년 '원주레일파크'가 들어서면서 관광객으로 붐비기 시작했다. 1940년 4월 문을 연 동화역은 문막 사람들이 비둘기호를 타고 청량리 경동시장을 오가던 곳이었다. 1970년대는 갱목을 사고파는 목재상으로 북적였다고 한다. 플랫폼에는 2007년 노무현 대통령이 원주 방문길에 들러 감탄했다는 '대통령 소나무'가 서 있다. 1942년 문을 연 만종역은 '2018 평창동계올림픽'을 계기로 강릉행 KTX가 정차하는 큰 역이 되었다. 역 팔자도 시간문제다. 1940년 문을 연 옛 원주역은 2020년 12월 23일 중앙선 서원주~제천 구간이 개통되면서 무실동으로 옮겼다. 옛 원주역에는 증기기관차 물 공급을 위해 1942년 세운 급수탑이 서 있다. 급수탑은 2004년 국가 등록문화재 제138호로 지정되었다.

　1977년 문을 연 금교역은 금대초등학교 뒷산 중턱에 있다. 금교역을 지나면

백척교 오른쪽으로 또아리굴이 지난다.

길아천 철교다. 높이가 백 척(33m)이 넘는다고 백척교다. 1942년 세워진 백척교는 한국전쟁 때 폭파되었으나 미군 공병대가 복구하였다. 1994년 성수대교가 무너지자 안전이 우려되어 철교 옆에 터널을 뚫고 다리를 새로 놓았다. 지금은 교각만 남아있다.

 백척교를 지나면 또아리굴이다. 또아리굴은 화물열차가 시멘트나 목재를 싣고 험준한 치악산을 360도 회전하며 오를 수 있게 만든 회전식 터널이다. 원주에서 제천 방향으로 길아천 철교와 금대 2터널로 들어가 시계 반대 방향으로 회전하면 금대 1터널로 빠지면서 길아천 철교가 내려다보인다. 민족항일기였던 1936년에 시작하여 1942년에 마무리된 백척교와 또아리굴 공사에는 수많은 조선 노동자가 동원되었다. 수맥이 터지고, 와이어가 끊어져 머리와 팔다리가 부러지거나 깨어져 고통 속에 죽어갔다. 소설가 황석영은 《철도원 삼대》에서 당시 상황을 이렇게 묘사했다.

"철도는 조선 백성들의 피와 땀으로 맹글어진 거다." …… 일본의 철도회사는 철도 연변의 땅들뿐만 아니라 역을 중심으로 한 광대한 지역을 철도의 부속 대지로 지정했다. 처음에는 십 분의 일 가격으로 보상을 해 주는 척하다가 러시아와 전쟁을 일으키면서부터 노골적으로 군대가 징발하기 시작했다……. 철로가 지나는 곳마다 땅을 빼앗긴 백성이 수만 명에 이르렀다. 철도 부지 수용은 무상몰수나 마찬가지였다. 초창기에 몇 푼씩 눈가림으로 내주던 보상금마저도 지방 관아의 관료나 아전들이 착복하였다. 백성들은 토지뿐만 아니라 집과 삼림, 조상의 무덤까지도 헐값에 빼앗겼다……. 철도 부지와 군 주둔지로 집이 헐린 주민은 노숙을 하고, 농토를 잃은 주민은 힘없는 조선 관아에 몰려와 울기만 할 뿐이었다. 관리들은 이들을 강제로 해산시키거나 듣지 않으면 잡아다 곤장을 쳐서 돌려보내곤 했다. ……

초기의 공사에서는 그래도 먹고살려고 자발적으로 참여한 인부들이 대부분이어서 충돌이 발생한댔자 저임금이 원인이었다. 그러나 공사가 중반기로 들어가면서 인력 조달이 강제동원으로 바뀌자 상황이 달라졌다. …… 일본 측은 철도공사장을 벌인 고장마다 관아에 찾아가 거의 망해버린 대한제국 관리를 겁박하여 침목과 석재의 조달을 요청했고, 조선인 노동력의 울력 동원을 각 지역 군현에 요구했다. 소와 말을 수송에 쓴다고 징발했고, 닭과 돼지와 양곡을 마을마다 돌아다니며 탈취했다. 철도가 지나는 연변의 고장들뿐 아니라 거기서 수백 리 떨어진 곳까지 찾아가 장정들을 인부로 데려갔다. 다리나 터널을 짓는 공사장 부근에선 백여 명에서 수천 명에 이르기까지 동원되었고, 기한은 육 개월 이상이 보통이었다. 조선인의 노력 동원에는 명절이나 제사를 가리지 않으며 농번기라고 사정을 봐주지도 않았다. 수확기에 힘을 쓸 만한 장정들을 모두 데려가는 바람에 곳곳마다 폐농지가 되었다.

철도공사의 대부분이 전쟁 중에 일본 정부가 하루라도 빨리 완공하려고 서두르는 가운데 진행되었기 때문에 일본인 감독자의 독촉과 성화가 불같았다. 차츰 난폭해진 그들은 칼과 총으로 무장하고 조선인 노동자를 소나 개처럼 부렸다. 인부들의 동작이 조금만 느려도 사정없이 곤봉으로 때리고 쓰러지면 발길질을 했다. 동원된 조선 양민들은 공사장마다 일본군 일개 소대의 감시 아래 밤낮으로 일했다. 여러 고장에서 충돌이 일어나기 시작했고, 군인들을 물론이고 민간인인 일본 공원이나 인부들도 함부로 조선인을 살상하기 시작했다. 그들은 칼이나 총은 물론 작업 도구로 조선인 인부들을 때려 죽이기도 했다. 작업 중에 시도 때도 없이 연초를 피우며 일에 태만하다는 구실로 함께 있던 인부들을 총살한 곳도 있었다.

치악역은 1956년 문을 열었다. 반대편 열차가 지나갈 때 잠시 정차하는 신호장역으로 출발하여 1977년까지 승객이 타고 내리는 보통역으로 바뀌었다가 그해 다시 신호장역이 되었다. 신림역은 1941년 보통역으로 문을 열었다가 2021년 1월 5일 80년 만에 문을 닫았다. 원주역을 무실동으로 옮기면서 옛 간이역은 만종역만 빼고 모두 역사 속으로 사라졌다.

반곡역을 내려오자 '유구지(遺構趾) 재현 쉼터' 뒷골 공원이다. 원삼국시대 주거지 모형과 빗살무늬 토기가 마스코트처럼 서 있다. 구석기시대, 신석기시대, 청동기시대, 원삼국시대, 통일신라시대, 고려·조선시대 등 발굴유적을 통해 원주혁신도시 오천 년 역사를 모아놓았다.

주거생활, 문화, 생산, 죽음에 이르기까지 다양한 흔적을 사진으로 보여준다. 구석기시대 대표유물은 주먹도끼요, 신석기시대 대표유물은 빗살무늬 토기다. 신석기시대 집자리, 가락바퀴, 갈돌, 빗살무늬 토기, 석곽묘와 통일신라시대 돌덧널무덤은 원주에서 처음 발굴되었다. 고려와 조선시대 기와를 만드는

빗살무늬토기모형(출처 : 원주시)

가마와 도자기, 자기, 구슬, 토광묘와 회곽묘, 가마수키, 암막새도 발굴되었다. 유적 남서쪽 가장자리는 배수로와 폐기물 매립으로 발굴할 수 없었다고 한다. 혁신도시 건설 현장에서 발굴된 유적은 원주역사박물관에 보관되어 있다. 유구 쉼터에서 조상의 흔적을 더듬어 보는 재미도 쏠쏠하다. 길만 걸을 게 아니라 시간을 내어 원주역사박물관도 찾아보자. 많은 공부가 될 것이다.

　뱅이둑길이다. 《조선지지자료》는 '방이두둑(方畝)', 《한국지명총람》은 '방묘동(方畝洞)'이다. 하천 주변에 화전민이 살면서 산과 버덩을 개간하여 밭농사를 지었는데 밭이 둥그런 둔덕처럼 보여서 '뱅이두둑'이라 하였다. '方(방)'은 '방이', '뱅이'의 소리 한자이며, '畝(묘)'는 밭두둑, 밭이랑이다.

　산돌자연학교 운동장에 풀이 가득하다. 아이들 소리로 시끌벅적해야 할 유치원에 적막이 감돈다. 한가터 송어횟집에 이정표가 서 있다. 낚시터에도 사람이 없고 체육공원도 문을 닫았다. 뱅이둑, 한가터는 원주의 오지였으나 서리실, 뒷골과 함께 혁신도시에 편입되었다. 땅 팔자도 시간문제다.

체육공원 들머리다. 해충기피제를 뿌리고 금두생태공원으로 들어섰다. 생태 숲길은 가을 냄새로 가득하다. 세상은 들끓어도 계절은 한 치의 오차도 없다. 설익은 밤알이 떨어지고 나뭇가지와 이파리가 우수수 널려있다.

봉두생태통로다. 《조선지지자료》는 '봉터(鳳垈)', 《한국지명총람》은 '봉두(鳳頭)'다. 황새가 많이 찾아왔다는 설과 봉황이 내려앉은 모양이라고 봉터, 봉대라는 설이 팽팽하다. 지형이 봉황 머리처럼 생겼다고 '봉두(鳳頭)'라는 설도 있다. '봉(鳳)'이 들어간 지명은 부엉이나 황새와 관련 있다.

봉대초등학교가 가깝다. 혁신도시가 생기면서 이곳으로 옮겨왔으나 옛 학교 운동장에서 사방을 둘러보면 치악 너른 품이 한눈에 들어온다. '아! 명당이구나' 소리가 절로 나온다. 졸업생 중에는 4성 장군, 국회의원, 변호사, 교수 등 많은 인재가 배출되었다. 명당자리가 있기는 있는가 보다.

조선 후기 실학자 이중환은 《택리지》에서 지리, 생리, 인심, 산수를 명당의 4요소로 꼽았다. 지리는 집터요, 생리(生利)는 먹고 사는 문제다. 인심은 마음 씀씀이요, 산수는 풍광이다. 이중환은 "산수가 좋은 곳은 생리가 박한 곳이 많으니 땅이 기름진 곳에 살면서, 걸어서 10리나 반나절 걸리는 곳에 산수 좋은 곳을 마련해두고 생각날 때마다 찾아가서 시름을 풀고 오는 것이 좋다"고 했다. 혁신도시는 백 점 만점은 아니지만 80점은 되지 않을까? 명당이 따로 있겠는가? 당나라 때 고승 임제선사는 "수처작주 입처개진(隨處作主 立處皆眞)"이라고 했고, 구상 시인은 "앉은 자리가 꽃자리"라고 했다.

횡단보도를 건너자 LH 10단지 후문이다. 아파트 이름은 대부분 영어다. 한글 이름을 고집하는 회사가 있다. 부영건설이다. 다른 것은 몰라도 부영건설 이중근 회장의 한글사랑은 칭찬받아 마땅하다. 누구는 시대에 뒤떨어진 이름이라고 하지만 나는 그의 고집을 존경한다. 부영아파트 이름은 '사랑으로'다.

2020년 2월 13일 〈조선일보〉 기사에 따르면 "2019년 전국 분양아파트 400개 단지의 단지명 글자 수는 평균 9.8자였다. 10자가 넘는 곳은 204곳이었다. 가장 긴 이름은 경기 '이천 중포 3지구 대원칸타빌 2차 더 테라스'로 18자였다. 아파트 이름은 1980년~1990년대는 지역과 건설사 이름만 넣어 3~5자였다. 아파트 단지 이름이 아파트값에 영향을 준다는 생각에 지역과 브랜드 특징 등을 반영해 짓다 보니 길고 복잡해졌다"고 한다. 부동산 인포 리서치 팀장 권일은 "중견 건설사 아파트일수록 이름이 화려하고 길고 복잡하다. 아파트 이름 때문에 시어머니가 헷갈려 못 찾아온다는 우스갯소리가 현실이 되었다"고 했다.

아파트 이름에 외국어가 들어가야, 있어 보이고 돈이 된다니? 차도 그렇고 가게 이름도 그렇다. 정부나 공공기관에서 발주하는 사업명칭도 그렇다. 길고 복잡한 외국어 명칭에 거품이 끼어있다. 이름에서 거품만 제거해도 조금은 맑아지지 않을까?

원주여고 정문을 지나자 배울 생태통로다. 나는 '배울로'라고 해서 학교가 있어서 그런가 보다 했는데, 알고 보니 '배울'은 배나무가 많았다고 '배나무골', '배마을'이다. 잘 모르면서 그럴 것이라고 단정하고 우기는 일이 얼마나 많은가? 윗자리로 올라갈수록 내 생각이 틀릴 수 있다는 걸 받아들이면 조직에 숨통이 트이고 다툼과 갈등도 줄어들 텐데, 속으로는 인정하면서도 겉으로는 자존심 때문에 인정하지 않는다. 자존심도 좋지만 인정할 건 인정하고 살았으면 좋겠다.

혁신도시 전망대를 내려서자 반곡관설동행정복지센터다. 사람들은 그냥 부르기 쉽게 '동사무소'나 '면사무소'라고 한다. 센터 책임자는 센터장이 아니라 동장, 읍장, 면장이 아닌가? 공공기관 이름도 단순 간명해졌으면 좋겠다.

횡단보도를 건너자 〈강원교통방송〉이다. 〈교통방송〉은 1997년 12월 20일 문을 열었다. 2005년부터 〈TBN 한국교통방송〉 명칭을 사용하고 있다. 〈교통방송〉 네트워크 본부는 원주 혁신도시 도로교통공단에 있다. 〈강원교통방송〉은 2001년 11월 13일 개국했다. 2013년 양양중계소를 개소하여 양양, 고성, 인제, 속초, 북강릉 일부 지역에서도 방송을 들을 수 있다.

나는 2013년 백두대간 종주기 《아들아! 밧줄을 잡아라》 출간 후 〈교통방송〉에 출연하여 김성호 MC와 인터뷰한 적이 있다. 생방송이라 몹시 긴장되고 떨렸던 기억이 생생하다.

치악교와 개봉교(개운동과 봉산동을 잇는)를 지나자 원주교다. 원주교는 차선별로 두 개 다리가 있어서 예전에는 '쌍다리'라고 불렀다. 쌍다리 양쪽은 자갈밭이었고, 개울에서 빨래하고 빨래를 말렸다. 미군 모포를 염색하여 옷감으로 만드는 작업장도 있었다고 한다. 이웃 간에 훈훈한 정이 오가던 쌍다리의 추억은 이제 옛말이 되었다.

다리 밑으로 원주천이 흐른다. 원주시는 생태하천 복원을 위하여 하천 폭을 넓히고 새벽시장 부근 봉평교 밑에 가동보(稼動洑)를 설치했다. 치악교와 개봉교 사이에도 가동보를 설치했다. 가동보는 평상시 물을 가두었다가 기준치 이상으로 수량이 늘어나면 자동으로 물을 흘려보내 원주천이 늘 일정 수량을 유지할 수 있도록 하여 범람을 막아주는 역할을 하고 있다.

문제는 하천 폭을 넓히는 바람에 유수량이 적다는 것이다. 원주시는 유수량을 늘리고 일정 수량을 유지하기 위하여 가현동 공공하수처리장에서 방류하는 물을 퍼 올려 원주천 상류로 내려보내고, 동시에 원주천 상류 고정보 5개를 가동보로 교체하여 상류부터 수량을 조절할 예정이다. 원주천 둔치에도 나무를 심고 영서고 앞 대평교부터 학성동 태화교까지 교량 하부를 정비할 계획이다 (《원주투데이》 2020년 9월 14일자 참조). 원주천은 청둥오리가 헤엄치고 갈대숲 사이로 저녁노을이 비치며 뽕나무 군락도 일품이다.

원주천 새벽시장이다. 새벽시장은 1993년 문을 열었다. 개장 시간은 오전 4시부터 9시까지다. 혹한기만 빼놓고 사시사철 열린다. 농민이 재배한 농작물과 채취한 산나물을 직거래하고 있다. 걸어야 보이고 천천히 걸어야 보는 눈이 생긴다. 다산 정약용은 걷는 것을 '청보(淸步)'라고 했고, 소설가 마르셀 프루스트 (Marcal Proust)는 "여행의 진정한 의미는 새로운 풍광을 보는 것이 아니라, 새로운 눈을 가지는 데 있다"고 했다. 새로운 눈도 새로운 풍광도 걷지 않으면 가질 수 없다. 나는 걸을 때 살아 있음을 느낀다.

우리는 그들을 순국선열이라 부른다

《논어》'안연(顏淵)'편에 나오
는 말이다. 제나라 경공(景公)이
공자에게 "정치란 무엇이냐?"
라고 묻자, 공자는 "임금은 임
금답고 신하는 신하답고, 아비
는 아비답고 아들은 아들다워
야 한다"라고 했다. 우리는 임
금이 임금답지 못하고 신하가
신하답지 못해, 끊임없이 외세
침략을 당해온 가슴 아픈 역사

일본군과 의병 진영을 오가며 취재했던 영국 〈데일리메일〉 기자
프레데릭 매켄지(Mckenzie, 1869∼1931)가 촬영한 지평의병
《한국근현대사사전》

를 가지고 있다. 그때마다 민초는 들불처럼 일어나 목숨 바쳐 이 나라를 지켜왔다. 새벽시장에서 엎어지면 코 닿는 곳에 항일독립투사 '민긍호 의병장 묘역'이 있다. 제6구간은 현충탑을 지나 호저면행정복지센터까지 이어지는 '호국의 길'이다.

새벽시장은 활기차다. 쌍다리 밑 좌판은 왁자하다. 시장에 나오면 만나는 사람에게 말을 걸고 싶어진다. 덤으로 한두 개 얹어주기도 하고 값을 깎아주기도 한다. 파 한 단 팔고 잔돈을 거슬러 주려고 흙 묻은 손에 침을 묻혀 돈을 세고 있는 할머니 표정이 생불이다.

다리를 건너자 배말 타운이다. 오래전에는 배가 들어왔고 우마(牛馬)와 사람으로 들끓었다고 한다. 사람이 모이면 도둑도 있고, 드잡이와 악다구니도 있기 마련이다. 부근에 경찰서가 있는 게 우연이 아니다. 원주천을 걷고 있는데 맞은편에서 누가 인사를 한다. 모자와 마스크까지 썼는데 먼저 알아본다. 수요 걷기에서 만난 최선생이다. "《바우길 편지》 잘 읽고 있습니다." 그는 "딸과 함께 새벽시장에 가는 길"이라고 했다. 알아봐 주는 건 고맙지만, 누군가 나를 지켜보고 있다고 생각하면 두렵기도 하다.

원주는 의병의 고장이다. 항일의병은 1895년 을미의병과 1905년 을사의병, 1907년 정미의병으로 나뉜다. 그때마다 원주에서는 의병이 어김없이 떨쳐 일어났다.

을미의병 주역은 김사정, 을사의병 주역은 원용팔, 정미의병 주역은 민긍호, 김덕제, 이은찬이다.

을미의병은 1895년 명성황후가 시해당한 후 친일내각이 단발령 등 개화 정책을 펼치자, 유림이 주도하고 '백면서생과 쑥대머리 농민들이 경서와 쟁기를 던지고 두 주먹으로 일어난(곽종석 '포고천하문', 이정규 '창의견문록', 독립운동사 자료집 1) 봉기'였다. 명성황후 시해에 겁을 먹은 고종은 러시아 공사관으로 피신한 후 의병 해산을 명했다. 임금은 비겁했고, 백성은 용감했다. 나라를 찾겠다고 목숨 걸고 떨쳐 일어난 의병을 해산하라고? 이게 임금이란 자가 할 말인가. '아관파천(俄館播遷)' 하나만 봐도 고종이 임금 자격이 없다는 것을 알 수 있다. 친일내각은 무너지고 갑오개혁과 을미개혁은 철회되었다.

1896년 1월 12일 원주 안창리에서 의병이 일어났다. 의병에는 연안김씨를 비롯해 원주, 지평(현 양평), 제천 등지의 유생도 참여했다. 김사정(1867~1942)은 원주에서 의병을 모은 후 충청과 강원, 경상 3도 접경지역에서 활약하던, 제천 유인석 부대로 들어갔다. 김사정은 책사로서 유인석에게 명분과 방법을 조

영국 〈데일리메일〉 프레데릭 매켄지 기자는 "미소짓는 어린 의병의 모습에서 애국심을 보았다"고 했다. 의병은 말했다. "죽을지도 몰라요. 하지만 일본 노예로 사느니 자유인으로 죽는 게 낫지."

언하였다. 김사정 무덤은 지정면에 있고, 승병으로 양곡 지원을 맡았던 무총선사 승탑은 구룡사에 있다. 원주시는 2002년 1월 지정면 안창리 산 67-8번지에 '을미의병봉기 기념탑'을 세워 그 뜻을 기리고 있다.

1905년 을사의병은 조선의 외교권 박탈에 분노하여 일어났다. 수면 밑으로 가라앉아 있던 의병은 을사늑약(제2차 한일협약 : 대한제국의 외교권을 박탈하여 일본의 보호국으로 만듦)을 계기로 다시 떨쳐 일어났다. 임금의 시종무관 민영환은 고종과 국민에게 보내는 유서를 남기고 목숨을 끊었다. 나철과 오기호는 '을사오적 암살단'을 조직하여 일진회를 습격하고 오적(五賊) 집을 불태우려 하였다. 〈황성신문〉 주필 장지연은 '시일야방성대곡(是日也放聲大哭)'을 발표하여 의병 항쟁에 불길을 댕겼다. 을사의병에는 유생만 아니라 전직 관료, 농민, 포수 등 다양한 계층에서 참여하였다. 의병장은 최익현, 임병찬, 민종식 등 대부분 전직 관료였으나 신돌석(1876~1908) 등 평민 출신과 하급 군인도 있었다.

원용팔(1862~1906)은 여주 출신이다. 1895년 을미의병 때 여주 심상희 의병대에 들어가 후군장을 맡아 경기 장호원 병참소를 습격하였으나 실패하고 부대가 해산하자, 제천 유인석 의병대로 들어가 중군장을 맡았다. 제천 전투도 실패하자 원주로 돌아와 1905년 8월 당시 원주군 주천면 풍정에서 원용수, 채순묵 등과 함께 독자적인 의병을 일으켰다. 원용팔은 1905년 8월 16일 격문과 성명을 발표하고, 일본공사관에 격문을 보냈다. 원주와 주천, 단양, 영춘, 영월, 정선, 홍천을 순회하며 일제 국권침탈 부당성과 의병동참을 요구하는 격고문을 발표했다. 9월 24일 원주진위대(중대장 김귀현)의 도움으로 원주를 점령하려 하였으나, 진위대의 배신으로 지정면 판대리에서 체포되었다. 원용팔은 원주감영에서 서울 평리원으로 이송되었다가 경성 감옥에 수감되었다. 그는 옥중에서 "내가 죽어 벼락 귀신이 되어서라도 왜놈을 치는 사람을 돕겠다"고 하며 단식투쟁을 벌이다 1906년 3월 45세를 일기로 순국하였다. 저서로 《삼계유고》가 있으며 1977년 건국포장, 1990년 애국장을 추서했다.

1907년 정미의병이다. 1905년 을사늑약이 무효임을 세계열강에 알리려다 실패한 4월 헤이그밀사사건을 계기로, 조선 통감 이토히로부미는 총리대신 이완용과 농상공부대신 송병준, 군부대신 이병무를 시켜 경운궁(덕수궁)을 둘러싸고 고종을 겁박하여 강제 퇴위시키고, 정미7조약으로 입법, 사법, 행정 권한을 장악한 후, 그해 8월 1일 군대를 해산했다. 시위대(侍衛隊 : 고종 경운궁을 경호하던 황실 근위대) 1연대 1대대장 참령(소령) 박승환이 병영에서 권총으로 자살하자, 분노한 시위대는 무기반납을 거부하고 남대문에서 총격전을 벌였다. 기관포로 무장한 일본군의 일방적인 승리였다. 시위대 68명이 전사했고 부상자 100명, 516명이 체포되면서 시가전은 4시간 만에 끝났다.

해산된 군인은 의병과 합류했다. 전투력이 보강되었고 활동지역도 전국으로 확대되었다. 부대 편제도 정비되고 훈련도 체계가 잡혔다. 의병 활동은 의병전쟁이 되었다. 의병부대 상호 간 연합전선을 형성하여 13도 창의군을 만들어 서울 진공 작전을 펼쳤다.

1907년 원주에서도 의병이 일어났다. 정미의병 주역은 민긍호, 김덕제, 이은찬이다. 민긍호(1865~1908)는 1897년 원주진위대 고성분견대에 입대하여, 1900년 정교(상사)로 진급하여 춘천분견대에 배속되었다가, 1901년 특무정교(특무상사)로 발탁되어 원주진위대에 근무하고 있었다.

1907년 8월 3일 원주진위대 대대장 홍유형이 갑자기 발령을 받고 한양으로 가게 되자, 민긍호는 홍유형이 군대 해산명령을 받으러 가는 걸로 생각하고 홍유형에게 진위대를 지휘하여 한양으로 쳐들어가자고 건의했다. 홍유형은 손사래를 치며 겁을 먹고 여주로 도망쳤다. 이에 민긍호는 8월 5일 원주 장날을 맞아 당시 정위(대대장 대리)였던 김덕제와 함께 300여 명의 병사를 이끌고 진위대의 무기고를 열었다. 1,600여 정의 소총과 탄약을 꺼내 병사에게 나누어 주고 1,000여 명의 병력으로 4개 부대를 편성하여 원주 우편소와 일본 경찰을 습격하여 원주 읍내를 장악했다.

8월 10일 김덕제와 민긍호는 서울에서 일본군 보병 47연대 제33대대 2개 중대가 기관총 4정으로 무장하고 공병 1개 소대와 함께 원주로 급파되었다는 소식을 듣고 원주를 떠나기로 했다. 김덕제는 부대를 이끌고 평창, 강릉 방면으로 진출해 양양, 간성, 고성, 통천 일대에서 교전했다. 그는 지역 의병과 연합한 뒤 일본군 수비대, 헌병 분소, 경찰관 주재소를 습격하고 일본 관원을 사살했다. 이후 일본군의 추격을 피해 1907년 8월 14일 평창 진부를 점령하고 격문을 살포하여 의병을 모았다. 그날 이후 그가 어떤 행적을 남겼고, 언제 죽었는지 기록이 없다. 정부는 1962년 김덕제에게 건국훈장 독립장을 추서했다.

민긍호 의병장 충혼탑

민긍호는 김덕제와 헤어져 의병부대를 소단위로 재편성하고 제천, 죽산, 장호원, 여주, 홍천 등지에서 일본군과 유격전을 벌이며 용맹을 떨쳤다. 의병대는 경기도, 충청도, 경상도 등지에서 100여 차례 전투를 벌이며 일본군에게 큰 타격을 주었다. 1908년 2월 27일 횡성 강림 박달치에서 일본군 수비대와 전투를 벌여 승기를 잡았으나 충주수비대와 경찰대가 의병대 주둔지를 급습하여, 의병 20여 명이 죽고 민긍호는 체포되어 강림으로 호송되었다. 그날 밤 의병 60여 명이 강림을 습격하여 민긍호를 구출하려 하자, 다급해진 일본군은 민긍호를 총으로 쏘아 죽였다. 당시 나이 44세였다(역사박물관 자료 & 2020년 11월 〈행복 원주〉 목익상 역사문화 탐방 자료 등 참조).

민긍호 의병장 묘소는 무실동에 있었으나 1954년 5월 북부지구 경비사령관으로 부임한 권준이 봉산동으로 이장하였다. 그는 의병장 묘소가 허술하게 관리되고 있는 것을 보고, 육군본부에서 시멘트를 지원받아 충혼탑을 세웠다. 묘역에는 권준의 비문과 당시 육군참모총장 정일권의 추모사가 새겨져 있다.

권준이 누군가? 1919년 신흥무관학교를 졸업하고 친일파 처단에 앞장섰던 의열단 독립투사였다. 의열단에서 군자금 조달과 폭탄제조 임무를 맡아 폭탄 투척 의거를 지원했다. 대한민국 임시정부에도 합류하여 한국광복군에 참여했다. 해방 후 원주 제2경비사령부 사령관으로 부임하여 민긍호 의병장 묘소 이전과 충혼탑 건립을 주도했다.

정일권(1917~1994)은 만주 봉천군관학교와 일본 육군사관학교를 졸업했다. 나카지마 이치켄(中島一權)으로 창씨개명하고 만주군 총사령부 헌병 장교로 근무하면서 1942년 모교인 광명중학교를 방문하여 "일본군에 입대하는 것이 장래를 보장받을 수 있는 가장 유망하고 현명한 길이다"라고 권유하였다. 간도 헌병 대장이 되었고, 만주 독립투사를 고문하고 살해했던 악명높은 간도특설대에 근무했다는 의혹이 제기되고 있다. 해방 후 육군참모총장, 외무부장관, 국무총리, 국회의장을 지냈고, 민족문제연구소가 발간한 《친일인명사전》에 올라 있다. 그는 죽을 때까지 친일활동에 대해 침묵했으며 국립서울현충원에 묻혀있다.

민긍호 의병장 묘역에서 독립운동가와 친일파가 섞여 있는 굴곡진 역사를 확인할 수 있다. 2013년 10월 원주시는 묘역을 정비하여 지금의 모습을 갖추었고 2014년 원주시와 광복회 원주연합지회에서 민긍호 의병장 부조상을 제작, 설치했다. 유적지로는 원주진위대 봉기 장소인 강원감영(당시 진위대 건물로 사용하고 있었음)과 교전 지역이었던 횡성군 강림(전적비), 치악체육관에 기념탑 및 민긍호 의병장 동상이 있다.

정미의병에서 빼놓을 수 없는 또 한 명의 스타가 있다. 이은찬(1878~1909)이다. 1907년 9월 원주에서 의병을 일으켰다. 그는 정규군 80명과 의병 500명을 모아 부대를 만든 후 경북 문경에 있는 이인영을 찾아가 의병 총대장이 되어줄 것을 청하였다. 승낙을 얻은 후, 원주로 돌아와 전국 의병부대에 격문을 띄워 서울 진공을 위해 경기도 양주로 집결해 달라고 요청하였다. 양주에 모인 의병들은 '13도 연합의병부대'를 결성하고 총대장 이인영, 군사장 허위, 중군장으로 이은찬을 뽑았다.

1908년 1월 28일 양평에 모인 13도 창의군 1만 명은 서울로 진격했다. 그날 총대장 이인영은 전투 중 부친 사망 소식을 듣고 허위에게 지휘권을 넘기고 돌연 귀향하였다. 부대 지휘관이 전투 도중 아버지가 돌아가셨다고 지휘권을 부하에게 넘기고 고향으로 돌아간다는 게 말이 되는가? 답답하고 안타깝고 숨이 막힐 지경이다.

지휘권을 넘겨받은 허위는 300명 선발대를 이끌고 동대문 밖 30리 지점까지 이르렀으나 사전에 정보를 입수한 일본군의 공격으로 퇴각하면서 서울진공작전은 실패로 돌아갔다. 13도 창의군은 싸우려는 의지는 강했으나 무기가 빈약했고, 부대 간 의사소통 부족으로 작전상 허점이 노출되었다. 일본군과 의병 진영을 오가며 취재했던 영국 〈데일리메일〉 기자 프레데릭 매켄지(Mckenzie, 1869~1931)는 의병이 가진 무기에 대해 이렇게 적었다. "18세에서 26세 병사 6명 가운데 5명은 총기 종류가 모두 달랐다. 쓸모없는 총이었다. 한 사람은 옛 조선군 화승총과 화승, 화약통을 들고 있었다. 알고 보니 화승총이 주력무기였다. 두 사람은 라이플을, 한 사람은 미국에서 할아버지가 열 살짜리 손주에게나 선물할 딱총을 가지고 있었다. 녹슨 중국제 피스톨도 보였다. 이런 무기로 몇 주째 일본군을 상대하고 있었다니!"(The Tragedy of Korea, E.P. Dutton&Co, 1908, pp.200~201, 〈조선일보〉 박종인의 '땅의 역사(244)' 중에서)

이후 이은찬은 소속부대를 이끌고 경기도 양주로 이동하여 임진강 유역에서 허위 의병부대에 합류, 임진강 의병연합부대를 편성하고 허위를 총대장으로 추대했다. 이은찬은 1908년 9월 허위와 농민 출신 의병장 김수민이 일본군에 체포되자, 잔여 부대를 이끌고 양주와 포천 일대에서 유격전을 전개하였다.

1909년 1월 일본군의 진압이 본격화되자 부대원을 이끌고 서해 연평도로 들어가 대담한 기습공격을 감행하기도 했다. 같은 해 2월 약 300명의 병력으로 경기도 양주군 석우리 북방에서 격전을 벌여 일본군에 타격을 주었으나, 의병도 수십 명 희생되었다. 그 후 간도로 옮겨 정병 육성에 힘쓰다가, 군자금을 제공하겠다는 밀정 박노천과 신좌균의 모략에 속아 서울로 왔다가 일본 경찰에 체포되었다. 1909년 5월 10일 경성지방법원에서 교수형을 선고받고, 그해 6월 27일 32세로 순국했다. 1962년 건국훈장 대통령장이 추서되었다. 구 문화극장 삼거리에 이은찬 공원에 의병장 추모비가 서 있다. 버스정류장 이름도 '이은찬 공원'이다.

우리는 해방 후 75년이 지났지만, 아직도 친일문제를 청산하지 못하고 있다. 친일파 청산에 대해 이런저런 말이 많다.

"그때는 살아남기 위해 어쩔 수 없었다. 당신 같으면 어떻게 했겠느냐? 당시 친일했던 사람들이 그러고 싶어서 그랬겠느냐? 다 지나간 일을 왜 이제 와서 다시 끄집어내어 국론을 분열시키고 세상을 시끄럽게 하느냐? 당장 먹고 살기도 힘들다. 세상이 시시각각 변하고 있다. 지금은 미래를 생각하며 앞으로 나아가야 할 때다. 과거사를 따지고 있으면 한 발도 앞으로 못 나간다."

"아니다. 그동안 먹고 살기 바빠서 돌아보지 못했던 친일파 청산문제는 반드시 짚고 넘어가야 한다. 생계형 친일이 아니고 독립투사를 고문했던 자나 위안부와 일본징용을 찬양하는 글을 쓰는 등 일제에 적극적으로 협력했던 자를 말하는 것이다. 이건 민족정기의 문제다. 우리나라가 선진국이 되려면 좋은 게 좋다고 대충 얼버무리며 살아온 친일문제를 꼭 정리하고 넘어가야 한다. 그래야 반듯한 토대 위에서 나라다운 나라를 만들 수 있다. 프랑스 대통령 드골은 세계 2차대전 후 나치에 부역했던 자를 가려내어 약 10만 명을 처벌했다고 하지 않는가."

양 주장이 팽팽히 맞서고 있다. 당신은 어느 쪽인가? 프랑스와 중국, 베트남을 보라. 국권 회복 후 과거청산 없이 넘어갔던 나라가 있는가? 용서하려고 해도 잘못을 인정하고 사과를 해야 용서할 수 있는 게 아닌가? 클래식 음악 마지막 낭만주의자 독일의 리하르트 슈트라우스(Richard Strauss : 1864~1949)는 한때 나치 정권 선전기구였던 음악국 총재로 있었다. 전쟁이 끝나자 그는 나치 부역 혐의로 전범 재판을 받고 혹독한 대가를 치렀다. 그러나 음악가로서의 업적은 업적대로 인정받았다.

갈대숲에서 청둥오리가 떼 지어 물살을 가르며 날아오른다. 하얀 파편이 햇살을 받아 반짝인다. 푸른 잔디 구장에서 마스크 쓴 노인들이 게이트볼 경기를 하고 있다. 자색 맨드라미와 노란 해바라기가 나란히 피어있다. 가을은 냄새로 오고 소리로 오고 색깔로 온다. 원주경찰서 봉산지구대를 지나자 현충탑이다. 샘터에서 청량한 물 한 바가지를 마시자 삿된 생각이 사라지고 복잡했던 머리가 맑아진다.

묵념 후, 558위 위패를 살폈다. 일병 장용배, 상병 윤문수, 병장 이태복, 하사 신재명, 중사 방광석, 상사 안병호, 준위 최기복, 소위 구본흥, 중위 유병진, 대위 김시중, 소령 심일, 순경 김삼만, 경사 김기춘, 군무원 김진수, 징용 한흥석……. 육·해·공군, 해병대, 경찰, 학도의용군이 잠들어 있다. 탑 비문은 이은상이 지었고, 글씨는 김기승이 썼다. 설계자는 이재성, 작품명은 '조국의 이름으로'다. 민·관·군을 뜻하는 세 개 돌탑과 기단으로 이루어져 있다. 탑신 비천상은 영령을 안식처로 인도하는 수호신이다. 12각형 기단과 탑신 주위 12개 돌기둥은 영령을 호위하는 십이지신이다. 탑신을 연결하는 금속 고리는 민·관·군의 굳건한 호국정신을 상징한다.

현충탑과 558위를 모신 위패

현충탑은 제4회 5·16 민족상을 수상한 청파(靑坡) 심기연(沈基淵) 선생이 사유림 1만 평과 건립기금을 기탁하여 만들었다. 말이 쉬워 만 평이지 요즘 같으면 이런 분이 있겠는가? 청파 선생 아들은 심일 소령이다. 심일(1923~1951)은 서울대 사범대 재학 중 육사 8기로 입교하여 1949년 5월 소위로 임관했다. 한국전쟁 당시 제6사단 7연대 대전차중대 소대장으로 근무하던 중 북한군 전차가 아군의 대전차포를 맞고도 계속 전진해오자 5명의 특공대를 편성하여 수류탄을 들고 포탑 위로 돌진하여 전차 2대를 격파하고 8대를 격퇴했다.

이후 전선에서 육탄 공격으로 적 전차를 막아내는 계기가 되었고, 북한군의 남진을 저지시켜 한강 방어선을 구축하고 유엔군 참전 시간을 확보하게 되었다. 음성지구 전투와 영천 304고지 전투에서 큰 공을 세웠으며, 1951년 1월 제7사단 수색중대장으로 영월지역 전투 중 산화하였다. 정부는 그해 10월 15일 심일에게 태극무공훈장과 함께 소령 특진을 추서했다. 그 아버지에 그 아들이다. 현충탑을 방문할 때 심일 소령 추모비에 꼭 들러가시라. 심일 소령과 심기연 선생의 명복을 빈다. 현충탑에 오면 나라 사랑 마음이 절로 생긴다.

현충탑 숲길은 고즈넉하다. 곳곳에 매복호가 있다. 숲을 벗어나자 벼 이삭이 바람에 출렁인다. 노란 호박꽃에 꿀벌이 날아들고 산새가 난다. E 편한 세상과 금광포란재 뒷길이다. 철조망이 견고하다. '경고 군사시설 무단 촬영을 금함' 캠프롱 9필지 10만여 평 부지는 1969년 발효된 '주한미군지위협정(SOFA)'에 따라 거저 빌려줬던 땅이었다. 2010년 캠프롱은 평택으로 옮겨갔다. 2013년 6월 24일 원주시는 주한미군기지 이전사업단과 국유재산관리처분 협약을 체결하여 665억 원에 부지를 매입했다. 3년 후인 2016년 3월 잔금을 완납했고, 2019년 말 부지를 되돌려받았다. 2020년 7월 31일 과학기술정보통신부는 원주를 국립과학관 설치 대상지로 선정하고, 2023년까지 정부 예산 245억 원, 시 예산 160억 원을 들여 국립과학관을 짓기로 결정했다. 주한미군기지 캠프롱이 70여 년 만에 환골탈태하여 시민의 품으로 돌아오게 되었다.

강풍에 알밤이 군데군데 떨어져 있다. 태장 체육공원이다. 버섯이 형형색색 피어있다. 올가을은 버섯 풍년이다. 구룡고개다. 산길을 내려서자 태장동 구룡 샘터다. 물이 콸콸 쏟아진다. 마을에 샘터가 있다는 건 축복이다. 물맛이 좋으면 마을 인심도 좋다. '동(洞)'을 풀이하면 물 수(水)와 같을 동(同)이다. 같은 물을 먹고 살면 같은 생각과 같은 정서를 갖게 된다. 같은 물과 같은 밥을 먹고 살면 가족이다. 우물이나 샘터에는 고향 풍경이 담겨있다.

샘터를 나와 횡단보도를 건너자 흥양천이 길게 이어진다. 어르신 운동기구에 '당신의 뱃살은 표준입니까?' 글 판이 붙어있다. 보리밥 먹고 뛰어다니면 쉬 배고플까봐 뛰어다니지 말라고 하던 어머니 모습이 눈에 선하다. 요즘은 너무 많이 먹어서 뱃살을 걱정해야 하는 세상이다. 밥 굶지 않고 중·고등학교까지 무상교육을 받을 수 있으며, 몸이 아프면 언제든지 병원에 갈 수 있다. 지구상에 이런 나라가 몇 개나 되겠는가? 세상에 당연한 건 없다.

나팔꽃과 코스모스가 무리 지어 피어있다. 가을꽃은 대기만성(大器晚成)이다. 우리는 뭐든지 빨리 빨리다. 빠르고 간편한 음식을 많이 먹어서 그런지 성질이 급하다. 참고 기다릴 줄 모른다. 기다려주고 배려해주어야 한다. 돈만 많다고 부자가 아니다. 부(富)에 걸맞은 품격도 갖추어야 한다.

태장동이다. 교각 아래 백로 한 마리가 꼿꼿하다. 두정백로 아파트도 흥양천 백로에서 힌트를 얻은 듯하다. 조선시대 동대문에서 남양주, 양평, 문막을 거쳐 강릉, 울진 평해에 이르는 관동대로(392km, 열닷새길)가 지나던 곳이었다. 지명에는 두 가지 설이 있다. 고려 왕건이 후백제 견훤과 이곳에서 전투를 벌여 왕건이 크게 패했다고 패장(敗將)이라 부르다가 음이 변해 태장이 되었다는 설과 조선 성종 넷째 딸 왕녀 복란 태실이 묻혀있는 마을이라고 태장(胎藏)이라 부르다가 민족항일기 때 태장(台庄)으로 바꾸었다는 설이다. 지명에는 당대 지배층의 의도와 민초들의 소망이 뒤섞여 있다.

흥양천을 뒤로 하고 원주시 상하수도 사업소를 바라보며 우두산길로 들어섰다. 할머니가 쉬었다 가라고 손짓한다. 할머니는 500평 밭에 무와 배추를 심었다고 했다. "어디 가는 길이요?", "굽이길 걷습니다.", "부탁 좀 합시다. 지난봄에 한전에서 전주를 세우고 가로등을 설치하는 바람에 들깨가 잘 안 자라요. 무는 잘 되었는데, 들깨는 크지를 않아요. 작년에는 키가 배나 되었어요. 가로등을 끄거나 불빛을 도로 쪽으로 돌려주면 좋을 텐데. 어디에다 얘기하면 되겠소?" 우두산길 101번지 가현고개 박한순 할머니는 "해가 지면 길이 컴컴해서 가로등을 설치하는 건 좋지만, 들깨도 잠을 자야 하는데 잠을 못 자서 키가 안

큰다"고 했다. 가로등을 설치할 때 범죄예방만 아니라 식물 수면도 고려해야 한다. 빛도 공해다. 세상은 인간과 동식물이 공존하는 곳이다.

한전에 전화를 걸었다. 전신주는 한전, 가로등은 시청 소관이라고 했다. 시청 도로관리과에 전화를 걸었다. 담당자는 위치와 내용을 물은 다음, 처리하고 알려주겠다고 했다. 이틀 후(2020년 9월 21일) 전화가 왔다. 원주시 가로등 수리팀이다. 가로등 위치 조정을 위해 현장에 와 있으며, 할머니를 만나서 원하는 대로 처리해 주었다고 했다. 깜짝 놀랐다. 하나를 보면 열을 안다. 행정은 공무원 손끝에서 이루어진다. 아무리 좋은 정책을 세우고 많은 예산을 들여도 일선 공무원이 팔을 걷어붙이지 않으면 소용없다. 빠르고 친절한 젊은 공무원 모습에서 원주의 미래를 본다.

장구봉 가는 길이다. 예전에는 등산로가 있었으나, 군작전 지역으로 편입되면서 폐쇄되었다. 장구봉은 1951년 1, 2월 신정 공세 때 국군 8사단과 미군 2사단이 중공군과 북한군 5군단(2, 9, 31사단)과 치열한 전투를 벌였던 곳이다. 육군 36사단과 국방부 유해발굴감식단은 2017년 4월 3일부터 7월 28일까지 평창 장미산과 원주 장구봉 일대에서 유해 18구와 유품 1,100여 점을 발굴하여 합동 영결식을 갖고 대전 국립현충원에 모셨다.

가현 경로당이다. 코스모스와 벼 이삭 사이로 잠자리가 날고 메뚜기가 뛴다. 호저면과 섬강이 펼쳐진다. 굽이길에 들어있지는 않지만 호저면 고산리 송골에는 동학 2대 교주 해월(海月) 최시형(1827~1898)이 체포되어 끌려갔던 원진녀 가옥이 있다. 1898년 4월 5일 오전 6시 최시형은 송경인이 이끄는 관병에게 체포되었다. 38년 잠행이 끝나는 날이었다. 이날은 동학 교조 최제우가 득도한 날이었다. 6월 2일 최시형은 좌도난정율(左道亂政律 : 도를 어지럽힌 죄)로 처형되었다. 마을 입구에 '모든 이웃의 벗 최보따리 선생님을 기리며'라는 글귀가 새겨져 있다. '최보따리'는 그가 보따리를 들고 다니며 동학을 가르쳤다고 민초들이 부르던 애칭이었다. 2008년 원주시는 빈터만 남아있던 최시형 피체지를 복원했다. 원주를 속속들이 들여다보면 곳곳이 인물이요, 곳곳이 유적지다. 소설가 앙드레 지드는 "바닷가 모래가 부드럽다는 것은 책만 읽고 알 수 없다. 돌아다니며 맨발로 느껴야 한다"고 했다.

동학 2대 교주 최시형

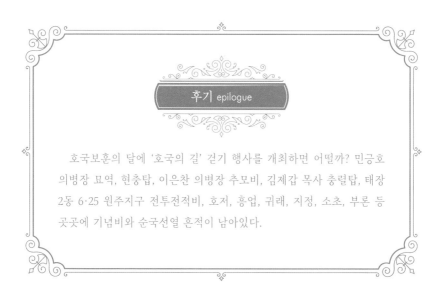

후기 epilogue

호국보훈의 달에 '호국의 길' 걷기 행사를 개최하면 어떨까? 민긍호 의병장 묘역, 현충탑, 이은찬 의병장 추모비, 김제갑 목사 충렬탑, 태장 2동 6·25 원주지구 전투전적비, 호저, 흥업, 귀래, 지정, 소초, 부론 등 곳곳에 기념비와 순국선열 흔적이 남아있다.

원주 한지가 칠백 년 간다고?

한지는 숨을 쉰다. 어릴 적 가을이 되면 어머니가 꽃잎을 넣어서 문종이를 바르던 모습이 떠오른다. 한약을 달이던 약탕기 덮개도 한지였다. 《세종실록지리지》는 원주 특산물로 한지를 꼽았다. 한지 원료는 일년생 닥나무 껍질이다. 1872년 '원주목지도'에 닥나무 '저(楮)' 자를 쓴 저전동면(楮田洞面)이 나온다. 닥나무로 유명한 곳이 호저다. '호저'는 1914년 호매곡면(好梅谷面)과 저전동면의 앞글자를 따서 지었다. 우산동과 단계동, 호저면은 진흙이 적게 섞인 보드라운 흙이 많고 일조량이 풍부하여 닥나무가 자라는 데 알맞은 조건을 가지고 있다. 종이 제작에는 물이 많이 든다. 섬강 부근에 닥나무밭이 많았던 이유다.

원주가 왜 한지 고장이 되었을까? 그만큼 종이를 쓰는 곳이 많았다는 얘기다. 어디였을까? 큰 절과 감영이었다. 섬강과 남한강 주변 법천사, 거돈사, 흥법사에서는 불경을 간행하고 연등회 팔관회 같은 큰 행사가 정기적으로 열렸으며, 그때마다 종이 제조와 인쇄는 모두 스님 몫이었다. 강원감영은 한양과 부와 목, 군, 현에 보내는 공문을 만들고, 지방 교육기관이었던 서원과 향교에 책을 공급했다.

한지는 손이 많이 간다. 아흔아홉 번에 한 번을 더해 백번의 손길을 거친다고 백지(百紙)다. 곧게 자란 1년생 닥나무를 베어내어 수증기로 6~7시간 찐 다음, 껍질을 벗겨내고 말린다. 말린 껍질을 다시 물에 불려 긁어내면 '백닥'이 된다. '백닥'에서 잡티를 골라내고 천연잿물에 삶아서 섬유질을 빼내어 물속에 담근 채 햇볕에 표백한다. 물기를 빼낸 섬유질을 달군 철판에 말린다. 도침(搗砧 : 구김이 없도록 방망이로 두드림)이라는 고유의 가공법으로 마무리한다. 강원도 무형문화재 제32호 원주 한지장(韓紙匠) 장응열 선생은 2021년 4월 〈행복원주〉 인터뷰에서 "하도 힘이 드니까 한이 많아서 '한지(恨紙)', 추울 때 만들어야 좋다고 '한지(寒紙)'"라고 했다.

원주에는 1950년대까지 한지공장이 15개 이상 있었다. 1970년대 펄프를 원료로 하는 양지(洋紙)가 들어오면서 가격경쟁에 밀려 문을 닫기 시작했고, 1980년대 중반 환경문제가 대두되고 원주천이 상수원 보호구역으로 지정되면서 우산동에 2개만 남게 되었다. 단구동 김영연 장인은 1975년부터 일본에 한지를 수출했고, 1985년 단구동 영담 스님은 맥이 끊어진 전통 한지 7~8개를 재현하기도 했다.

우리는 찬란한 종이문화와 인쇄술 역사를 가지고 있다. 610년 승려 담징이

무구정광대다라니경(無垢淨光大陀羅尼經)

일본으로 건너가 채색, 종이, 먹과 맷돌 만드는 법을 가르쳐 주었다(《일본서기》). 불국사 다보탑에서 발견된 '무구정광대다라니경'은 751년 목판으로 인쇄했다. 일본의 '백만탑다라니경'보다 19년 앞섰고, 1450년 로마제국 요하네스 구텐베르크가 발명한 활자 인쇄기보다 700년 앞섰다. 고려 현종 때는 팔만대장경과 속장경을 간행하였고, 인종 23년(1145)에는 왕명으로 닥나무 심기를 권장했다. 조선 태종 15년(1415)은 조지소(組紙所)를 설치했고 세조 12년(1456) 조지서(造紙署)로 이름을 바꾼 후 고종 19년(1882) 폐지될 때까지 한지 제작을 총괄했다.

'한지는 천년 가고 비단은 오백 년 간다(紙千年絹五百)'는 말이 있다. 원주 한지는 1985년 한국공업진흥청 심사결과 전주와 통영, 안동을 제치고 700년 보존이 가능한 최고 한지로 뽑혔다. 무구정광대다라니경, 《왕오천축국전(往五天竺國傳)》, 직지심체요절(直指心體要節) 영인본(원본과 모양, 크기, 얼룩까지 똑같이 복제) 제작에도 쓰였다. 무구정광대다라니경은 탑을 세울 때 이 경전을 외우면 장수하고, 극락왕생한다는 내용이 담겨있다. 《왕오천축국전》은 신라 승려 혜초가 고대 인도의 다섯 개 천축국을 답사하고 쓴 여행기다. 나는 중고시절 뜻도 모르고 그냥 외우기만 했다. 몇십 년 지난 지금에야 비로소 알게 되었으니 웃어야 할지 울어야 할지 모르겠다.

가장 한국적인 것이 가장 세계적인 것이다. 현재 세계 각국 박물관에서 미술품 문화재 유물 복원에 사용하는 종이는 99%가 일본 화지(和紙)라고 한다. 그런데 박물관 맏형격인 프랑스 루브르박물관은 2021년 5월부터 9월까지 '부르봉가(家) 역사 전시회'에 게시한 파스텔 초상화 18점 복원에 전통 한지를 사용하였다. 프랑스 루브르박물관에 한지 우수성을 알린 프랑스 파리1대학(소르본대학) 김민중은 2021년 6월 26일 〈조선일보〉 인터뷰에서 "우리나라 한지는 일본 화지에 비해 뜨는 방식, 100% 자연산 잿물사용, 닥나무 생장, 기후, 조건 등에서 크게 유리하다. 한지는 우리나라 미래의 먹거리다"라고 했다.

한지를 널리 보급하기 위해서는 닥나무 껍질을 벗기는 기계를 만들어 제작비용을 크게 줄여야 한다. 닥나무 껍질은 사람 손으로 일일이 벗겨야 하고 1kg 닥나무에서 80g 백피가 나온다고 한다. 한지 공장 대부분은 가격 문제로 외국산 백피를 사용하고 있으며 전통 한지의 완벽한 제작을 위해서는 닥나무를 많이 심을 수 있도록 재배 농가를 장려해야 한다. 닥나무 껍질은 원적외선을 방출하고 어혈을 풀어주며 항암, 당뇨, 아토피 완화 효과가 있다. 가지는 질긴 고기를 부드럽게 해주며 감칠맛과 구수한 향기가 난다(2021. 5. 17. 〈원주투데이〉, 원주닥나무생산자협동조합 사무국장 송종국 기고문 참조). 원주에서는 1999년부터 매년 한지문화제가 열리고 있으며, 2010년 문을 연 한지테마파크에 가면 한지의 역사를 알 수 있고, 한지로 만든 생활용품도 살 수 있다

호저면행정복지센터다. 촌로가 버스를 기다리고 있다. "마을버스가 안 오네요. 어쩌다가 한 번씩 오는데 시간표도 없어서 일찍 나와서 기다리고 있는 거예

요. 기다리다 보면 오겠지요." 코로나19로 시골 버스도 직격탄을 맞았다. 아침 6시 반 호저 버스정류장에서 만난 촌로의 하소연을 들으며 길을 나섰다. 황금 들녘이 안개에 묻혀 나타났다 사라진다. 참새와 까치가 날고 풀벌레 소리가 들려온다. 닭 홰치는 소리, 까치 소리, 개 짖는 소리까지 가을 들녘은 빛과 소리로 충만하다. 오늘은 호저에서 간현까지 섬강길과 숲길을 아우르는 19.1km 트레킹 코스다.

호저대교를 지나 숲길로 들어섰다. 현수막이 붙어있다. '굽이길 걷는 사람을 위해 사유지 통행을 허락해 주었으니 고마운 마음으로……' 길을 내고 길을 열어준 자가 있다. 걷다보면 감사해야 할 일이 참 많다. 잡목이 쓰러져 길을 막았다. 잡목 사이로 구절초가 살짝 얼굴을 내민다. 강물 위로 안개가 썰물처럼 달아난다. 억새 숲에 부서지는 아침 햇살이 눈부시다. 섬강길은 들꽃과 햇볕, 물과 안개가 빚어낸 '섬강제색도(蟾江霽色圖)'다. 코바우 안내판이 서 있다.

【옛날 어사매(魚斯買 : 횡성 옛 지명) 무장리(원주시 호저면)에 영서지방에서 가장 음식 맛이 좋다는 주막이 있었다. 주막에는 인색하고 심술 많은 고바우 영감과 품행이 바르고 음식솜씨가 좋은 청상 며느리가 살았다. 며느리가 열심히 일한 덕분에 주막은 번창하였다. 어느 날 아리따운 며느리를 흠모한 떠돌이 중이 고바우 영감을 찾아와 장사가 잘되려면 강 건너 벼랑 코바우를 허물어버려야 한다고 했다. 재물에 눈이 먼 고바우 영감이 말리던 며느리를 내쫓고 사람을 시켜 코바우를 허물기 시작하자, 음식 맛이 변하고 손님이 끊겨 가세가 기울었다. 그 후 병을 얻은 고바우 영감은 착한 며느리가 돌아와 간병하였지만 죽고 말았으며, 주막터는 흔적을 찾아볼 수 없게 되었다. 고을 사람들은 과욕을 부리지 않고 남아있는 코바우를 소중하게 여겨 지금까지 잘 보존하고 있다.】

추수가 끝난 논

재물욕과 색욕에 대한 경고다. 길 가면서 배우는 것은 욕심과 허세를 내려놓는 일이다. 욕심은 베고 또 베어도 비 온 뒤 잡초처럼 계속 솟아난다. 삶은 욕심과의 싸움이다. 섬강길이 시작된다. 추수한 논에 밀짚모자 허수아비가 서 있다. 참새가 찾아왔다. 이삭줍기는 옛말이다. 벼 이삭이 한 톨도 없다. 새들도 먹고사는 게 전쟁이다. 새를 위해 벼 이삭을 조금 남겨두면 안 될까? 마치 '까치밥'처럼, 마지 '고수레'처럼……

장포(長浦 : 긴 물가)마을이다. 홍수 때마다 강물이 넘쳐 피해를 입자, 숲을 가꾸어 마을을 지켜냈다고 한다. 숲 가꾸는 데는 100년이 걸리지만 망가뜨리는 데는 하루도 걸리지 않는다. 나라 곳곳에서 벌목이 한창이다. 2050년까지 '탄소 중립' 달성 목표에 맞춰 '오래된 나무'를 베어내고 어린나무 30억 그루를 심어 30년간 3,400만 톤의 탄소를 흡수한다는 것이다. '침엽수는 스무 살 때, 활엽수는 서른 살 때 탄소흡수율이 정점에 달하고 어린나무가 탄소흡수율이 높다'고 하지만, 나는 동의하지 않는다. 자연은 간섭하는 순간 망가지기 시작한다. DMZ를 보라. DMZ가 왜 생태계의 보고(寶庫)가 되었겠는가? 벌목 기준을 왜 탄소흡수율로만 따지는가. 오래된 나무에 둥지를 틀고 사는 산새와 곤충, 벌레는 모두 어디로 가란 말인가? 자연은 인간과 동식물이 함께 사는 곳이다. 지금 우리가 겪고 있는 기상이변과 전염병은 결국 인간이 자초한 것이다.

마을 담장에 황토 대추가 주렁주렁 달려있다. 시인 장석주는 대추 한 알에도 "천둥 몇 개, 태풍 몇 개, 벼락 몇 개, 무서리 몇 날이 들어있다"고 했다. 사람도 그렇다. 롤러코스터를 타며 고통과 환희를 경험한 자는 눈빛이 다르고 마음 씀씀이도 다르다. '호저 어린이집'을 눈앞에 두고 길을 놓쳤다. 20여 분 헤매다 돌아왔다. 갈림길에서 방심은 금물이다. 사는 일도 그렇다. 무장리 둑길이다. 하염없이 걷는다. 삶은 일상의 반복이요, 지루함을 견디는 일이다.

무장1리 송정 경로당을 지난다. 갓길 없는 도로는 위험하다. 파평윤씨 재실을 지나 꼬불꼬불 오르막을 넘어서자 '돼지문화원'이다. 이건 또 무슨 말인가? 돼지에게 문화라니? 카페와 식당, 펜션, 편의점이 건물 안에 들어있다. 식당 이름에 '문화원'이라? 역발상일까, 아니면 이름의 오용일까?

가마골 갈림길이다. '푸드덕. 꽥, 꽥!' 꿩 한 마리가 발걸음 소리에 놀라 솟구쳐 오른다. 메뚜기가 팔뚝에 찰싹 달라붙는다. 몸에서 흙냄새가 나는가 보다. 숲길을 걷다 보면 사람도 자연을 닮아간다. 월송 교차로 건너 섬강길이다. 물소리 따라 마음도 흘러간다. 벌통 수십 개가 가지런하다. 토종벌이 떼 지어 윙윙거린다. 벌이 사라지면 과일과 채소 견과류 생산이 줄어들고 결국 사람도 살수 없다. 2016년 미국은 토종벌 7종을 멸종위기 생물로 지정하였다. 우리나라에서는 2011년 발생한 '낭충봉아부패병'이 확산하여 토종벌 90%가 폐사되었고, 위기를 느낀 농림축산식품부에서는 2019년부터 토종벌 육성사업을 진행하고 있다. '낭충봉아부패병'은 꿀벌에게 코로나19 같은 치명적인 바이러스로서, 애벌레는 번데기가 되지 못하고, 성체는 몸이 부풀어 오르다가 죽고 마는 질병이다.

도로 옆 산길 들머리에 이정표가 서 있다. '자운사 1.9km, 간현관광지 4.6km.' 산길로 들어섰다. 이쯤 되면 차라리 등산이다. 다른 길은 없었을까? 알밤 줍는 여인을 만났다. 사람은 재미로 줍지만, 다람쥐나 고라니, 멧돼지에겐 식량이다. 산 짐승도 먹어야 살 게 아닌가. 산짐승도 배가 고프니, 민가로 내려와 애써 가꾼 농작물을 파헤치는 게 아닌가? 어떻게 하면 악순환의 고리를 끊을 수 있을까?

자운사 하산길이다. 나무를 베어내고 흙을 파헤친 절개지 사이로 물길이 나 있다. 길이 엉망이다. 산초나무와 잡초가 지천이다. 백구가 주둥이와 배를 땅에 대고 길게 엎드려 있다. 눈만 끔벅거린다. 동물도 밥 주는 사람을 닮는다. 밥 먹는 것만 봐도 성품을 알 수 있다. 무위당 장일순 선생은 "밥 한 그릇에 하늘과 땅과 사람이 들어있다. 하찮게 보이는 밥알 하나에도 우주의 생명이 깃들어 있다"고 했다. '밥 한 그릇'을 위하여 우리는 매일 출근과 귀가를 반복하고 있다. "갔다 올게"라는 말 한마디에 전쟁터 같은 치열한 일상이 들어있다.

원충갑(元冲甲, 1250~1321) 장군 묘역이다. 고려 충렬왕 때 원주를 침입한 합단적을 영원산성에서 10여 차례 공방전 끝에 물리쳐 나라를 구한 장수다. 합단적(合丹敵)은 1287년 원나라 세조 때 만주에서 반란을 일으켰던 내안(內顔) 무리 잔당이다. 1290년 원나라 장수 내만대(乃蠻帶)에게 패하고, 두만강을 넘어 함경도 안변으로 쳐내려오자 임금은 강화도로 피신했다. 합단적은 이듬해인 1291년 1월 양평을 지나 원주로 쳐들어왔다.

원주별초(原州別抄)[3] 향공진사(鄕貢進士)[4] 원충갑(元冲甲, 1250~1321)은 합단적을 맞아 결사대 중산, 방호별감 복규, 홍원창 판관 조신, 별장 강백송과 함께 치악산 영원산성으로 들어가 10여 차례 목숨을 건 전투 끝에 합단적을 물리쳤다. 영원산성 전투는 수세에 몰려있던 고려군이 공세로 전환하는 계기가 되었다.

《고려사》는 치열했던 치악산 영원산성 전투상황을 생생하게 묘사했다(《고려사》 권 104, 열전 17).

원충갑(元冲甲)은 원주사람이다. 체구가 왜소하지만, 영리하고 날래어 눈이 번갯불처럼 빛났으며 위기를 맞으면 능히 몸을 던졌다. 향공진사로서 원주 별초(別抄) 소속이었다. 충렬왕 때 카다안(哈丹)이 철령을 넘어 침입하자 고을마다 소문만 듣고도 달아나는 바람에 막을 사람이 없었다. 그들이 원주로 쳐들어와 진을 치고, 기병 쉰 명이 치악성(치악산 영원산성) 밑에서 노략질을 하자, 원충갑이 보병 여섯 명을 데리고 나가 쫓아낸 후 말 여덟 필을 빼앗아 돌아왔다. 도라도(都喇闍)·토에나(禿於乃)·보랄(字蘭

....

3) 별초 : 개경에는 삼별초가 있고, 지방에는 양반별초와 노군잡류별초기 있었다. 원충갑은 양반별초에 소속되었다. 지방별초는 개경별초와 함께 전정(田丁)을 지급받는 외별초로서 상비군이었다.

4) 향공진사 : 우리나라 과거제도는 통일신라 원성왕 4년(788) 독서삼품과를 시작으로 고려 광종 9년(956) 과거제가 도입되어 조선시대로 이어졌다. 고려시대 중앙관리로 등용되려면, 지방거주자는 지방관(3경 4도호부 8목)이 주관하는 계수관시에 합격(개경 거주자는 개성시)하고, 국자감 시험인 국자시에 합격해야 대과인 예부시 응시자격이 주어졌다. 향공은 계수관시에 합격한 자, 진사는 국자시에 합격한 자다. 향공진사는 계수관시와 국자시에 모두 합격한 자다. 국자시 선발인원은 예부시 선발인원의 3배수를 뽑았다.

호국의 얼이 스며있는 치악산 영원산성

이 거느린 군사 4백 명이 다시 성 밑에서 녹봉으로 줄 쌀을 빼앗자, 원충갑은 중산(仲
山) 등 결사대 일곱 명과 함께 숨어서 지켜보다가, 중산이 적 속으로 뛰어들어 한 명을
죽이고 형문 밖까지 추격하니, 적은 안장을 얹은 말을 버리고 달아났다. 방호별감 복규
가 크게 기뻐하며 빼앗은 말 스물다섯 필을 모두 그에게 주었다.

적이 수많은 깃발을 들고 다시 쳐들어와 성을 겹겹이 포위한 후 글을 보내 항복을 권
유했지만, 원충갑이 달려나와 적의 목을 베고, 글을 목에 묶어 던져 버렸다. 적이 퇴각
해 장비를 보수하며 다시 공격할 준비를 하기 시작하자, 성안 백성들이 겁을 먹었다.
적은 포로로 잡은 여자 두 명을 다시 보내어 항복을 권유하였으나 원충갑은 그들마저
죽여버렸다. 적이 북을 치고 함성을 지르며 공격했다. 빗발치는 화살에 성이 함락될 위
기에 놓였다. 이때 흥원창 판관 조신이 성 밖으로 달려나가 싸우고, 원충갑은 급히 말
을 달려 동쪽 봉우리로 올라가서 한 명의 목을 베자, 적은 혼란에 빠졌다. 별장 강백송
과 서른여 명이 도왔다. 원주 관리 원현, 부행란, 원종수, 국학생 안수정 등 1백여 명이

서쪽 봉우리에서 내려와 협공했다. 조신이 북채를 잡고 북을 치며 싸움을 독려하던 중, 화살 하나가 날아와 오른쪽 팔뚝을 뚫었으나, 북소리는 그치지 않았다.

마침내 적의 선봉이 후퇴하자, 뒤에 있던 자들이 소란해지면서 자기들끼리 서로 마구 짓밟았다. 원주 군사들이 공격에 가담해 함성이 산을 울렸다. 원충갑은 열 번의 전투에서 모두 적을 물리쳐, 도라도 등 예순여덟 명을 죽였는데, 절반은 활을 쏘아 죽였다. 적은 예봉이 꺾여 감히 공격해 오지 못하였고, 여러 성도 수비가 견고해져 비로소 적을 얕잡아 보게 되었다.

치악산 영원산성 전투에서 패한 합단적은 충주와 개경에서 다시 패했고, 5월 초 충청도 연기(세종시)까지 진출하였으나 정좌산 전투에서 고려 장수 한희유와 몽고 장수 설도간이 이끄는 여몽 연합군에게 크게 패한 후 기병 2천여 기를 이끌고 퇴각하고 말았다. 1년 6개월여 만에 개경으로 돌아온 충렬왕은, 원주를 익흥도호부로 승격시키고, 백성에게 부과되던 부역과 잡공을 3년간 면제하였다. 원충갑은 추성분용광국(推誠奮勇匡國) 공신에 책록하고, 종3품 벼슬인 삼사우윤(三司右尹)에 임명하였다. 조선 현종 10년(1669)에는 원주 북문 밖에 사당을 세워 원충갑을 주향(主享)하고 김제갑과 원호를 배향(配享)하였으며, 다음 해 윤 2월 7일 현종은 사당을 충렬사라 명명하였다. 사당은 고종 8년(1871) 대원군의 서원 철폐령으로 없어지고 말았으나, 원주시는 2009년 행구동 얼 기념관에 충렬사를 다시 짓고, 매년 음력 2월 7일 제향(祭享)하고 있다.

원충갑 장군 묘역을 나와 간현으로 향했다. 고갯길을 넘는데 등산복 차림의 두 사람이 굽이길 표지를 붙이고 있다. 아는 사람이었다. 걷기 고수 김남섭과 장형욱이었다. 어쩐지 리본과 방향 표지가 달라졌구나 했다. 파란색은 정방향,

노란색은 역방향이다. 그들은 약 30km 떨어져 있는 문막 소공원까지 간다고 했다. 소설가 박범신은 《고산자》에서 "길 따라 흐르는 사람들의 머릿속에 간직된 지도는 그 길흉과 고저 완급은 기본이고, 역사, 풍속, 산물에 이르기까지 관아가 갖고 있는 군현도와는 비교가 안 될 만큼 섬세하고 정확하다. 지도가 목숨줄이기 때문이다. 그들은 먹고살기 위해 스스로 지도를 그려 동행자와 기꺼이 나눠 갖는다. 그들은 심지어 어떤 지도에도 나타내지 않았던 비옥한 땅을 찾아내기도 하고, 잡초에 묻혀 유실될 뻔한 역사를 올곧게 되살리기도 하며, 그곳으로 가는 길과 다리를 만들어 기꺼이 국토를 시간과 공간 사이로 넓혀 놓기도 한다"고 했다. 김남섭, 장형욱이 그런 사람들이다. 삶은 이렇게 보이지 않는 곳에서 땀 흘리는 자들의 노고에 힘입고 있다. 세상에 당연한 것은 없다.

승자의 역사, 패자의 역사

강호에 병이 깊어 죽림에 누었더니 / 관동 팔백 리에 방면을 맡기시니 / 어와 성은이여! 갈수록 망극하다 / 연추문 달려들어 경회 남문 바라보며 / 하직하고 물러나니 / 옥절이 앞에 섰다 / 평구역 말을 갈아 / 흑수로 돌아드니 / 섬강은 어드메뇨 / 치악이 여기로다.

《관동별곡》 첫머리에 등장하는 섬강과 치악은 원주의 상징이다. 마흔다섯 살 정철은 선조 13년(1580) 강원도 관찰사 임명장을 받고, 광화문을 나와, 남양주시 삼패동 평구역에서 말을 바꿔 타고, 여주를 지나 원주 우무개에 이르렀다. 이곳에서 삼현육각(三絃六角)을 앞세우고 취임식장인 강원감영으로 향했다. 강원도에는 23개 부, 목, 군, 현이 있었고, 관찰사 525명이 다녀갔다. 2번이나 재

간현 관광지 표지석

송강 정철 초상화

임한 자(14명)도 있었고 4번이나 중임한 자(조종필)도 있었으나 평균 재임 기간은 11개월이었다. 평균 연령은 53세, 최연소자는 28세(김귀주), 최고령자는 79세(홍인현)였다.

오늘은 정철이 지나간 간현에서 섬강 둑길과 태조 왕건 전설이 살아 숨 쉬는 건등산을 거쳐 문막 물굽이나루에 이르는 역사의 길이다. 인조반정 돌격대장이었던 이괄도 있고, 왕건과 견훤이 한판 승부를 겨루었던 들판도 있다. 선조 계비(繼妃)였던 인목대비와 부친 김제남도 있고, 폐사지로 유명한 흥법사지도 있다.

《원주읍지》에는 간현(艮峴)을 '간성촌(艮城村)'이라 했다. 여기서 '간'은 갈다, '성'은 '재'를 뜻한다. 간재는 마을 동쪽에 있는 숯돌고개를 말하며, 간현은 간재를 한자로 옮긴 것이다. 섬강은 횡성 태기산에서 발원하여 부론면 흥호리 은섬

포까지 200리를 내려와 정선과 영월, 단양, 충주를 거쳐온 남한강과 몸을 섞어 여주로 내려간다. 섬강은 본래 달강이었다. 강물에 비친 달이 얼마나 아름다웠으면 달강이라고 했을까? 《원주 지명 유래》에는 "간현에서 3~4km 올라가면 달강이 있는데, 두꺼비처럼 생긴 바위가 있어 두꺼비 '섬(蟾)' 자를 써서 섬강이라고 부르게 되었다"고 했다. 또 다른 설은 '섬강 철교 북동쪽 1km 지점에 큰 바위가 있는데 마치 두꺼비가 바위를 기어오르는 모양을 하고 있어 섬강'이라고 한다.

섬강 철교 건너편에 문연동천(汶淵洞天) 바위가 있다. 문연(汶淵)은 중국 태산(泰山)에서 발원한 문수(汶水)를 본뜬 말이고, 동천(洞天)은 신선이 사는 별천지를 뜻한다. 이 바위는 관찰사가 기생과 여흥을 즐겼다고 '여기(女妓)바우'라고도 한다. 조선 선조 때 이조판서를 지낸 간옹(艮翁) 이희(1522~1600)가 벼슬을 그만두고 내려오자, 육촌지간이었던 토정 이지함(1517~1578)이 찾아와 함께 시회를 즐겼다는 '병암(屛巖)'도 있다. 선생의 호 '간옹'은 마을 이름 간재를 따서 지었고, 묘소는 간현역 부근 능골에 있다.

섬강 은주암(隱舟巖)은 1624년 '이괄의 난' 때 장인 이지난과 장모 횡성조씨가 배를 타고 섬강으로 도주하다가, 관원이 탄 배가 추격해오자 동굴에 숨어 화를 면했다고 은주암, 횡성조씨가 숨었다고 은조암(隱趙岩)이라고 한다.

이괄(1587~1624)은 원주 부론 사람이다. 인조반정의 선봉장이었으나 논공행상에서 김류와 이귀 등 서인 세력에게 밀려나 2등 공신이 되었다. 서인은 인조를 강박(强迫)하여 이괄을 평안 병사 겸 부원수를 맡겨 영변으로 보낸 후, 역모 혐의가 있으니 잡아다가 문초해야 한다고 주청(奏請)했다. 인조는 마지못해 이괄의 아들 이전을 잡아 오라고 금부도사를 보냈다. 이괄은 금부도사를 죽이고 1만 군사를 동원해 난을 일으켰다. 반란군은 한양을 점령하였고, 인조는 공주로 피신했다. 이괄은 안령 전투에서 도원수 장만이 이끄는 토벌군에게 패하고, 부하 장수(이기헌, 이수백)에게 칼을 받았다. 이괄은 조선왕조가 끝날 때까지 신원(伸冤)되지 않았다.

1623년 3월 13일부터 1624년 1월 21일까지 《인조실록》은 쿠데타 현장 상황과 이후 서인 세력이 이괄을 제거하기 위해 어떻게 했는지 생생하게 보여준다. 거사 당일 총지휘관이었던 김류는 몸을 사렸고 비겁했다. 긴박했던 순간 지휘봉은 이괄에게 넘어왔고, 그는 목숨을 걸고 선봉에 섰다.

1623년 3월 13일 상(임금)이 윤리와 기강이 이미 무너져 종묘사직이 망해가는 것을 보고 개연히 난을 제거하고 반정(反正)할 뜻을 두었다…… 의병은 이날 밤 이경(二更 : 오후 9시~11시)에 홍제원에 모이기로 약속하였다. 김류가 대장이 되었는데, 변란을 고발했다는 말을 듣고 지체하며 출발하지 않고 있었다. 심기원과 원두표 등이 김류의 집으로 달려가 말하기를, "시기가 이미 임박했는데, 어찌 앉아서 붙잡아 오라는 명을 기다리는가"라고 하자, 김류가 드디어 갔다. 이귀와 김자점, 한교 등이 먼저 홍제원으로 갔는데, 이때 모인 자들이 겨우 수백 명밖에 되지 않았고 김류와 장단의 군사도 모두 이르지 않은데다 고변서가 이미 들어갔다는 말을 듣고 군중이 흉흉하였다. 이에 이귀가 병사 이괄을 추대하여 대장으로 삼은 다음 편대를 나누고 호령하니, 군중이 곧 안정되었다. 김류가 이르러 전령을 보내 이괄을 부르자, 이괄이 크게 노하여 따르려 하지 않으므로 이귀가 화해시켰다.

쿠데타 성공 후 서인에게 이괄은 뜨거운 감자였다. 거사 과정에서 목숨을 걸고 돌격대장을 맡았던 이괄은 누가 봐도 일등공신이었지만 무인이었고, 김류에게 치욕을 안겨준 '미운 오리 새끼'였다. 김류는 이괄을 당장 죽이고 싶었으나 그럴 수 없었다. 서인은 이괄 제거계획을 세우고 하나하나 실행에 옮겼다.

먼저 후금 침입이 염려된다고 하면서 임금을 강박(強迫)하여 한성부윤이었던 이괄을 부원수 겸 평안 병사로 임명하여 서북방 영변으로 보냈다. 이괄은 할 말이 많았지만, 임금의 명령에 군말 없이 복종했다.

인조 1년 8월 17일 부원수 이괄이 배사(拜辭)하였다. 상이 인견하고 이르기를, "도원수(장만)와 경(부원수 이괄)이 가니 내가 서쪽에 대한 근심을 잊겠다. 간첩(間諜)이나 방비하는 여러 일을 마음을 다해 힘껏 하라." 이괄이 아뢰기를, "신이 중책을 받고 밤낮으로 떨리고 두렵습니다. 금년에 불행하게도 적병이 침입해 오면 군사의 많고 적음과 강하고 약한 차이가 현격히 다를 것이니 앞으로 어떻게 당해내겠습니까. 그러나 감히 한 번 죽기로 싸워 나라의 은혜를 갚지 않겠습니까."

다음은 공신 책록이었다. 인조 1년 10월 18일 임금이 김류와 이귀를 시켜 반정에 공이 많은 자를 심사해서 보고하라고 명했다. 그들은 대상자 200명을 검토하여 그중 53명을 선정하고 명단을 가져왔다. 1등 공신에는 김류와 이귀 등 10명, 2등 공신에는 이괄, 김경징 등 15명, 3등 공신은 박유명 등 28명이었다. 다음날 10월 19일 인조는 초안을 받아보고 근심이 되었는지 김류를 불러 공신 선정이 공정하고 타당했는지 물어본다. 임금은 이괄을 1등 공신이 아닌 2등 공신으로 내정한 게 아무래도 마음에 걸리는 듯했다. 임금이 김류에게 물었다.

"어제 녹훈한 것은 취사에 있어 과연 타당함을 잃을 염려가 없는가? 이 일은 매우 중대하므로 반드시 십분 흡족하게 하여야 인심을 복종시킬 수 있다." 그랬더니 김류가 말하기를 "이는 국가의 막중한 일이기 때문에 훈신이 일제히 모여서 의논하여 결정하였습니다. 그 당시 홍제원에 가서 모인 사람들은 모두 사생을 걸고 같이 일하였으므로 이들은 다 참여되어야 하겠습니다만, 2백여 인을 다 올릴 수는 없기 때문에 상의를 거쳐서 마감하였습니다…… 이괄은 당초 결의한 사람은 아니지만 거사하던 날, 칼을 잡고 갑옷을 입고 나서서 뭇 사람의 마음을 고동시켰고 부오(部伍)를 나누어 군용(軍容)을 갖추는 데 공이 컸기 때문에 2등의 맨 앞에 올렸습니다"라고 하였다.

뻔뻔한 김류였다. 그는 자기 아들 김경징은 2등 공신에 끼워 넣고, 임금의 최대 관심사였던 이괄은 1등 공신이 아닌 2등 공신 맨 앞에 올렸다고 보고했다. 임금은 어이가 없었는지 아무 말도 하지 않았다. 인조는 허수아비고 실권은 김류와 이귀 등 서인에게 있었다. 김류는 이후 영의정이 되어, 병자호란과 남한산성, 삼전도로 이어지는 굴욕의 현장에 이름을 올리게 된다.

마지막으로 역모 혐의였다. 세검정에서 칼을 씻고 자하문을 부수고 들어가 목숨 걸고 함께 쿠데타를 일으켰던 동지였지만, 이제는 제거해야 할 걸림돌에 불과했다. 권력 앞에서는 피도 눈물도 없는 게 인간이다.

인조 2년 1월 17일 "문회와 이우, 권진 등이 이괄 등의 변란을 고했다. 정방열을 보러 갔는데……. 실토하기를 '이괄, 한명련, 정충신, 이익 등이 지금 연결하여 군사를 일으키려 한다. 지난가을에 어떤 사람이 홍승지(洪承旨) 집에 투서하기를 이괄, 정인영, 유경종이 반역을 모의한다" 하였는데 홍승지가 그 글을 유경종에게 보였다. 이 때문에 이괄 등이 크게 두려워하여 반역할 모의가 더욱 굳어졌다 하였습니다."

이게 말이나 되는가? 무슨 '카더라 통신'으로 생사람을 잡는가? 확인도 안 된 소문을 임금에게 보고해놓고, 엉뚱한 사람을 잡아들여 말을 보탰다. 줄타기 외교의 귀재였던 광해를 쿠데타로 내쫓고, 어리바리한 임금을 쥐락펴락했던 자들 눈에는, 오로지 권력만 있을 뿐 굶주리는 백성도, 시시각각 다가오는 나라의 운명도 안중에 없었다. 이게 성리학을 공부해서 벼슬을 하고, 충과 효를 삶의 신조로 삼았다는 조선의 사대부들이었다.

"정찬이 공초하기를, 이괄이 비기를 얻었다고 스스로 말하면서 딴 뜻을 품었는데, 남건은 요술로 서로 친하고 남응화는 망기(望氣)를 잘하여, 이괄의 집에 가기(佳氣)가 있다 하였고, 윤수겸은 이괄이 갑자년 명수(命數)를 타고나 극히 길(吉)한 것으로서 한 번 지휘하면 태평을 이루게 된다는 말을 하였습니다. 이 말은 이괄의 종손 정석필에게서 들었는데, 신의 아비와 형이 다 이괄의 모계를 알고 있습니다"라고 하였다.

북방에서 후금 침입에 대비하며 성을 쌓고 군사훈련을 하고 있는 장수를, 떠도는 소문을 근거로 역적으로 몰아넣은 것이다. 조정 대신이란 자들이 궁궐에 들어앉아서 한다는 짓이 이랬으니 나라가 안 망하고 되겠는가? 4일 후인 인조 2년 1월 21일 밤, 임금이 이귀를 만났다. 이귀가 말했다.

"이괄이 몰래 다른 뜻을 품고 강한 군사를 손에 쥐었으니, 일찍 도모하지 않으면 뒤에는 반드시 제압하기 어려울 것입니다. 더구나 역적들의 공초에 흉모가 드러났으니, 왕옥(王獄)에 잡아다가 정상을 국문하지 않을 수 없습니다." 임금이 말했다. "이괄은 충의스런 사람인데, 어찌 반심을 지녔겠는가. 이것은 흉악한 무리가 그의 위세를 빌리고자 한 말이다. 경은 무엇으로 그가 반드시 반역하리라는 것을 아는가?" 이귀가 말했다. "이괄의 반역 모의는 신이 잘 모를지라도 그 아들 이전이 반역을 꾀한 정상은 신이 잘 알고 있습니다. 어찌 아들이 아는데 아버지가 모를 리가 있겠습니까." 임금이 다시 말했다. "사람들이 경이 반역한다고 고한다면 내가 믿겠는가. 이괄의 일이 어찌 이와 다르겠는가."

임금은 이귀의 억지를 어떻게 하든지 막아보려 했지만, 이귀는 한 번 뽑은 칼을 도로 집어넣을 수 없었다. 이귀는 마지막 승부수를 던졌다.

"고변한 사람이 있다면 어찌 신이라 해서 아주 놓아두고 묻지 않을 수 있겠습니까. 잡아 가두고 국문하여 그 진위를 살핀 뒤에 처치해야 할 것입니다"라고 했으나, 임금은 답하지 않았다.

이괄의 난은 서인이 자초한 것이었다. '지는 별' 명나라와 '뜨는 별' 후금 사이에서 줄타기 외교전을 펼치며 조선을 위기에서 구해내려 했던 광해를 몰아내고, 그나마 후금(청)이 가장 두려워한다는 장수 이괄마저 역모로 몰았다. 죽여야 할 자는 이괄이 아니라 서인 세력이었다. 인조반정과 이괄의 난 후유증은 2년 후 정묘호란과 병자호란으로 이어졌다. 인조는 남한산성을 나와 삼전도에서 굴욕을 겪었고, 조선 백성들은 전란 속에서 피눈물 나는 고통을 겪어야 했다. 명, 청 교체기에 국제정세에 무지했고, 강군양성을 소홀히 했으며, 내치에도 실패했던 나라 지도자가 겪어야 할 운명이었다. 이때부터 조선은 망가지기 시작했다.

1970년대 간현은 춘천, 강촌과 함께 대학생 MT 장소로 유명했다. 군 유격장도 있었다. 철교 교각에는 '때려잡자 김일성' 글씨가 희미하게 남아있다. 유격장은 클라이밍 암벽장으로 바뀌었다. 1993년 원주클라이밍협회는 소금산 절벽

간현 철교

에 23개 코스를 개척하였고 코스마다 개척한 자의 이름을 붙였다. 소금산은 무명봉이었다. 소금산 북동쪽 자작골에 괴골산(333m)이 있다. 괴골산이 겨울 금강산 개골산(皆骨山)과 이름이 비슷한 데 착안하여, 작은 금강산인 소금산(小金山)이라 하였다.

간현 하면 출렁다리를 빼놓을 수 없다. 기암절벽과 백사장이 어우러진 빼어난 풍광으로 수도권과 가까워 많은 사람이 찾아왔으나, 고속도로가 나고 자가용 이용객이 늘면서 찾아오는 사람이 줄었다. 원주시장은 "돈만큼 일하지 말고 꿈만큼 일하자"는 말을 입에 달고 살았다. 2018년 1월 11일 드디어 회심의 한 방이 나왔다. 소금산에 높이 100m, 길이 200m 출렁다리가 설치된 것이다. 70kg 성인 1,285명이 동시에 지나갈 수 있고 초속 40m 강풍에도 견딜 수 있는 다리다. 개통 이후 117일 만에 100만 명, 2020년 10월까지 약 270만 명이 다녀갔다. 최단기간 '한국 관광 100선'에도 선정되었다. 출렁다리가 인기를 끌자

출렁 다리

다른 지자체에도 출렁다리 붐이 일었다.

업그레이드가 필요했다. 원주시는 출렁다리와 연계한 케이블카, 유리다리, 전망대, 잔도, 미디어파사드(Media Facade : 출렁다리 밑 암벽에 입체영상을 투사하는 것), 음악분수 등 다양한 시설을 확충하고 있다.

사위와 함께 길을 나섰다. 강둑 사이로 억새가 눈부시다. 고니, 청둥오리, 백로가 모여있다. 울긋불긋 물들기 시작한 단풍이 메타세쿼이아 사이로 살짝 얼굴을 내민다. 가을은 그냥 바라만 보아도 마음이 넉넉해진다.

섬강 소공원에 조엄(1719~1777) 동상이 서 있다. 한 손에는 책을 들고 한 손에는 고구마 줄기를 들었다. 조엄은 일본에 통신정사로 갔다가 대마도에서 고구마 종자를 가져와 굶주린 백성의 배고픔을 달래준 목민관이다. 조엄은 풍양

조씨 노론 명문가에서 태어났다. 경상도 관찰사, 평안도 관찰사, 공조판서. 이조판서를 지냈다. 영조 때 영의정을 지냈던 홍인한의 매부이며, 사도세자 부인 혜경궁 홍씨의 고모부다. 부친 조상경부터 7대에 이르기까지 연이어 이조판서가 나온 '7대 판서' 집안이다. 조엄 묘역이 있는 지정면 간현리 작동(爵洞)마을 지명도 여기에서 유래되었다.

조엄은 1763년 음력 9월, 일행 470명을 이끌고 대한해협을 건넜다. 대마도를 거쳐 동경으로 갔다가 다시 대마도를 거쳐 한양으로 되돌아오는 11개월 일정이었다. 조선은 경신 대기근(1671~1672)과 을해 대기근(1695~1696)을 거치며 많은 백성이 굶어 죽었고, 인육까지 먹는다는 소문이 파다했다. 당시 현종은 "가엾은 백성이 무슨 죄가 있단 말인가. 허물은 나한테 있는데 왜 재앙은 백성에게 내린단 말인가"라고 탄식했다(《현종실록》 18권).

영조의 명을 받고 일본으로 가는 조엄 머릿속에는 유리걸식하는 백성들의 참담한 모습이 떠올랐다. 조엄은 대마도에서 고구마를 발견하고 눈이 번쩍 뜨였다. 조선시대 들어와서 정조 때까지 무려 11차례나 일본에 통신사를 보냈지만 굶주리는 백성을 생각하며 고구마 종자를 가져온 자는 조엄 한 사람뿐이었다. 조엄의 백성 사랑하는 마음이 1764년 6월 18일 《해사일기(海槎日記)》에 나와 있다. "생으로 먹고, 구워 먹고, 삶아 먹을 수도 있다. 곡식과 섞어 죽을 쒀도 되고 떡을 만들거나 밥에 섞어 먹어도 된다. 고구마를 넣지 않은 음식이 없으니 이 고구마가 조선팔도에 퍼진다면 굶주리는 백성이 결코 없을 것이다."

조엄은 고구마 종자를 동래부사로 있던 강필리(1713~1767)에게 주었고, 강필리는 고구마 재배와 이용, 보관법을 연구하여 《강씨감저보(姜氏甘藷普)》를 펴냈

조엄 초상화 _ 1763년 8월부터 1764년 7월까지 조선통신사 정사로 일본을 다녀와 《해사일기》를 남겼다. 고구마로 배고픈 백성을 구했던 진정한 목민관이었다.

다. 50년 후 김장순, 선종한은 9년간의 재배 경험을 담아 《감저신보(甘藷新譜)》를 펴냈고, 전라 관찰사 서유구도 《종저보(種藷譜)》를 펴냈다. 고구마는 18세기 굶주리던 조선 백성의 배고픔을 달래준 최고의 구황작물이었다.

고구마는 남쪽에서 들어왔다고 남저(南藷), 북한에서는 북저, 제주도에서는 조엄 '조(趙)' 자를 붙여서 조저(趙藷)라고 부른다. 고구마가 보급되기 전까지는 흉년으로 대기근이 들었을 때 밥 대신 느릅나무 껍질, 도토리, 칡뿌리, 쑥, 소나무 껍질, 솔잎을 먹었다. 솔잎을 많이 먹으면 항문이 찢어져 콩가루를 섞어 먹기도 했다. '똥구멍이 찢어지게 가난했다'는 말이 여기에서 유래했다. 조엄은 정조 1년(1776) 홍국영의 무고로 평안도 위원으로 유배되었고, 아들 조진관이 호소하여 김해로 옮겼으나 이듬해 울화병으로 죽었다. 저서로 일본을 왕래하며 보고 들은 것을 기록한 《해사일기(海槎日記)》가 있다.

벼슬이란 무엇인가? 왜 벼슬을 하려고 하는가? 좋아하는 역사 인물이 있는가? 있다면 한 사람만 떠올려보라. 무엇이 떠오르는가? 화려한 경력인가, 아니면 업적인가? 살아 있을 때 아무리 높은 벼슬을 했다 하더라도 후손이 기억하는 건, 대표적인 업적 딱 한 가지다. 문익점의 목화, 이순신의 명량대첩, 세종대왕의 한글 창제, 정약용의 《목민심서》, 김육의 대동법……

백 세 철학자 김형석 교수는 "윗사람이 되기 전에 내가 하는 일이 나와 우리를 위하는 일인지, 국민을 위한 봉사인지 물어야 한다"고 했다. 백성이 뼈 빠지게 농사지어 놓으면 갖가지 명목을 붙여 뜯어갈 생각만 했던 관리 중에 그나마 이렇게 백성 사랑하는 자가 있어 위안을 받는다. 임금이란 무엇이고 나라란 무엇인가? 외침으로부터 나라를 지키지 못하고 백성의 굶주림도 해결해 주지 못했던 임금과 사대부였다. 조엄은 '노블레스 오블리주'로 백성 사랑을 실천했던 목민관이었다. 조엄은 갔어도 고구마는 살아 있다.

구절초는 청초하고, 코스모스는 진분홍으로 선명하다. 하늬바람 타고 풀벌레 소리가 애잔하다. 둑길을 달리는 자전거 행렬이 싱그럽다. 텐트 치고 낚시하는 자도 눈에 띤다. 인간은 자연 속의 한 점이다.

건등산이 우뚝하다. 굽이길을 벗어나 안창대교를 건너면 김제남 신도비와 홍법사지가 있다. 나는 따로 시간을 내어 두 곳을 찾았다. 지정면 안창리 느티나무 앞에 김제남 신도비가 서 있다. 신도비는 종2품 이상 사대부의 업적을 기록하여 묘 가까이 세워두는 비석이다. 김제남(1562~1613)은 문과에 급제한 후 이조 좌랑까지 올랐다. 1602년 열아홉 살이던 둘째 딸이, 쉰한 살 선조의 계비(繼妃, 인목왕후, 1584~1632)가 되어 영창대군(1607~1614)을 낳았다. 이듬해인 1608년 선조가 죽자, 광해군이 왕위에 올랐다. 광해군의 어머니는 부론면 손곡리 출신 공빈 김씨(1553~1577)다.

광해 5년(1613년). 광해군이 서자 출신이라며, 선조의 적자인 영창대군을 왕으로 옹립하려는 움직임이 일어났다. 배후세력으로 김제남이 지목되었다. 김제남은 억울하다고 했지만, 광해군을 지지했던 대북파(소북파는 영창대군 지지)는 "때려죽여야 한다"고 했다. 김제남은 사약을 받았고, 영창대군은 강화도로 보내 온돌방에 가둬놓고 쪄 죽였다. 인목대비 오빠 김래와 동생 김규, 김신은 곤장에 맞아 죽었다. 어머니 광산노씨는 제주도로 유배되었다. 《대동야승(大東野乘)》에 따르면 노씨가 궁핍한 생활을 견디다 못해 술 찌꺼기를 걸러 팔았다. 제주 백성들은 이를 대비모주(大妃母酒)라고 불렀으며, 오늘날 막걸리와 전주 모주의 기원이 되었다고 한다.

광해 10년(1618). 인목대비를 폐비시켜 창덕궁에서 경운궁(덕수궁)으로 내쫓고, 김제남 시신을 꺼내어 부관참시(관을 부수고 시신을 토막 냄)했다. 광해 15년(1623) 3월 12일 이귀, 김류, 김자점 등 서인은 광해군 조카 능양군(친형 임해군 아들)을 앞세우고 쿠데타를 일으켰다. 광해군이 잡혀 와 인목대비 앞에 무릎을 꿇었다. 인목대비가 말했다. "광해 부자는 한 하늘 아래 살 수 없는 원수다. 내가 친히 그의 목을 잘라 죽은 혼령에게 제사 지내고 싶다. 지금까지 죽지 않은 것은 오직 오늘을 기다린 것이다. 쾌히 원수를 갚고 싶다(《인조실록》, 인조 1년 3월 13일)."

인목대비는 아버지 김제남의 신원을 복원시켰다. 부관참시당했던 시신은 사돈이었던 서경주(달성서씨)가 몰래 수습하여 경기도 양주에 묻어두었다가, 인조반정 후 인목대비 고향인 원주시 지정면 안창리 뒷산에 이장하였다. 김제남(연안김씨)에게는 의민(義愍)이라는 시호를 내리고 10리 근방의 산림과 천택(川澤 : 내와 못)을 주었다. 제주도에 귀양 가 있던 인목대비 어머니도 집으로 돌아왔다. 인목대비 오빠(김래)의 아들 김군석, 천석, 동생(김규) 아들 김홍석도 살아 있었다. 김천석과 군석은 어머니 초계정씨가 "우리 두 아들은 놀라서 급사하였다"고 속이고 원주로 보냈다. 김군석과 천석 외조부 정묵은 아들을 시켜 치악산 영원사 승려에게 부탁하여 두 형제를 동자승으로 10년간 숨어 살게 했다. 김홍석도 원주로 보내 외할머니 치마폭에 숨어 화를 면했다(2017. 10. 11. 〈조선일보〉, '박종인의 땅의 역사', 연안김씨 김군석, 천석 피화 유적비 비문 내용 등 참조).

안창리에는 김제남 사당이 있으며, 종택에는 후손인 김일주 선생이 살고 있다. 치악산 영원사 가는 길에 '김군석, 김천석 피화 유적비'가 있다. 신림에 사는 연안김씨 김종욱 선생은 "우리 종가에서 이 비를 세웠다"며 자랑스러워했다. 역사의 현장은 묵언으로 많은 가르침을 준다. 길은 그냥 길이 아니다. 길 곳곳에 스며있는 조상의 흔적을 돌아보는 일은 자신을 되돌아보는 일이요, 과거를 통해 미래를 준비하는 일이다.

김제남 신도비

김제남 신도비를 나와 도로 건너 산

비탈 모퉁이를 올라가면 흥법사지가 나온다. 신라 하대 선종 사찰로 세워져, 진공대사(眞空大師, 869~940) 때 1만 평 규모의 크고 이름난 사찰이 되었다. 절터 앞은 섬강과 문막 들판이 펼쳐지고 뒤로는 영봉산(靈鳳山) 자락에 포근하게 둘러싸여 있다. 흥법사지가 있는 지정면 안창리는 한양에서 남양주와 양평, 양동을 거쳐 원주로 들어오는 육로와 남한강과 섬강을 거슬러 오는 수로의 길목이다. 폐사되기 전에는 흥법사 중문(中門)까지 배가 들어왔다고 한다. 흥법사가 군사 요충지였음을 말해주는 것이다. 흥법사는 평시에는 군량미를 보관하고, 전시에는 군사가 주둔하며 전투를 벌였던 작전기지였던 것이다.

흥법사지에는 삼층석탑과 진공대사 탑비의 받침돌과 머릿돌이 남아있다. 받침돌에는 연꽃무늬와 '만(卍)' 자를 새겼다. 받침돌 거북은 용머리를 하고 입에는 여의주를 물고 네 발로 바닥을 힘차게 딛고 있다. 거북은 힘쓰기 좋아하는 용왕의 첫째 아들 비희라고 한다(용왕은 아들이 아홉 명이었다고 함). 머릿돌에는 '진

흥법사지 삼층석탑. 귀부와 이수(원주시 걷기여행길안내센터 제공)

공대사'를 새겼고 구름 속에서 용 두 마리가 무섭게 노려보고 있다. 뒷면에도 용 네 마리가 사방을 주시하며 요동치고 있다. 마치 후삼국이 한반도를 차지하기 위해 겨루고 있는 듯하다. 진공대사 승탑은 반절비(半折碑)라 불리는 탑비와 함께 민족항일기 때 반출되었다. 이곳에 있던 염거화상(~844) 승탑과 탑비도 반출되었다. 승탑과 탑비는 되찾아 현재 국립중앙박물관에 보관되어 있다.

진공대사를 알려면 도의선사와 염거화상을 알아야 한다. 신라 선종의 개창자 도의선사는, 성은 왕(王)씨, 호는 원적(元寂)이다. 784년 당나라 강서성 홍주 개원사에서 서당지장(739~814)한테 불법을 이어받고, 도의라고 개명한 후 35년간 유학 생활을 마치고 821년(헌덕왕 13년) 돌아왔다. 유학 가서 배운 건 달마대사에서 시작된 선종, 그중에도 골수 선종이라 불리는 조계혜능(638~713)과 마조도일(709~788), 서당지장으로 이어지는 남종선(南宗禪)이었다.

조계혜능은 "문자에 입각하지 않으며(不立文字), 경전의 가르침 외에 따로 전하는 것이 있으니(敎外別傳), 인간의 마음을 가리켜(直指人心) 본연의 품성을 보고 부처가 된다(見性成佛)"라는 유명한 말을 남겼고, 마조도일은 "타고난 마음이 곧 부처(自心卽佛)"라고 했다. 이런 스승 밑에서 도의선사가 뭘 배웠겠는가? 도의선사는 서라벌로 돌아와 '왕이 부처(王卽佛)'라고 했던 신라 왕실과 귀족, 교종 승려에 맞서 "누구나 부처가 될 수 있다(自心卽佛)"고 외치며 타성에 젖어있던 불교계에 파문을 일으켰다. 교종 승려들이 '마귀의 말(魔語)을 하는 자'라고 백안시했던 위험인물(?) 도의는, 자의 반 타의 반으로 서라벌을 떠나 머나먼 북쪽 설악산이 있는 양양군 강현면 진전사로 숨어들었다.

도의선사 법맥은 설악산 억성사 염거화상에게 전해지고 보조선사 체징으로 이어져, 신라 하대 구산선문(九山禪門)의 하나인 전남 장흥 가지산파로 꽃을 피웠다. '누구나 부처가 될 수 있다'는 '자심즉불(自心卽佛)' 사상에 고무된 호족은 선종 승려와 손잡고 전국 각지에 선종 사찰을 건립하면서 중앙귀족과 교종세력과 맞섰다. 이쯤 되면 태조 왕건이 왜 그토록 진공대사를 좋아했는지 대충 그림이 그려지지 않는가?

진공대사(869~940) 성은 김씨, 법호는 충담(忠湛)이다. 스물한 살 때(889) 구족계를 받고 당나라에 갔다가 쉰 살 때(918) 귀국했다. 고려 태조는 충담을 왕사로 임명하였고 흥법사를 중창하도록 도와주었다. 당시 흥법사는 수행을 위해 찾아오는 스님이 수백 명에 이르렀다고 한다. 충담이 72세로 입적하자, 태조는 시호를 진공이라 하였고 승탑과 탑비도 세워주었다.

진공은 왜 왕사가 되었을까? 진공이 귀국하던 918년은 고려 건국 원년이었다. 이제 막 고려를 개국한 태조는 당나라에서 신문물을 배워온 유학파 승려의 도움이 필요했다. 진공도 뜻을 펼쳐 보일 새로운 장이 필요했다. 태조는 개경에서 멀리 떨어진 원주가 눈에 거슬렸다. 원주는 신라 말기 궁예와 양길이 떨쳐 일어났던 곳이다. 궁예는 죽었지만, 궁예를 추종하는 세력이 아직 남아있고, 후백제(900~937) 견훤도 남쪽에서 세력을 확대하고 있었다.

태조는 호족과 백성에게 새로운 왕조가 시작되었음을 알려서 정치적인 안정을 꾀하고 싶었다. 태조는 고민 끝에 곁에 두고 아끼던 왕사 진공을 흥법사로 내려보냈다. 백성들은 다 쓰러져 가던 흥법사에 왕사가 내려와서 설법도 하고, 절도 새로 짓고 숙원사업도 시원스럽게 해결해 주니 좋아했다. 태조 왕건은 진공대사가 입적하자, 직접 탑비 비문을 지었다. 글자는 최광윤이 당 태종의 글씨를 모아 새겼다. 당 태종은 중국 서예사에 손꼽히는 명필이었다. 영조 때 금석학자 홍양호《이계집(耳溪集)》에 따르면 탑비는 임진왜란 때 일본군이 수레에 싣고 죽령을 넘다가 두 동강이 나서 버리고 갔는데, 난이 끝난 후 강원 관찰사가 감영으로 옮겨왔다고 한다. 진공대사 탑비는 '원주 반절비(半折碑)'로 불린다. 흥법사 중창과 진공대사 탑비는 왕건이 원주 호족과 백성에게 보내는 정치적인 메시지였다. 이후 흥법사는 조선시대 숭유억불 정책으로 폐사되고 관설 허후를 배향한 도천서원이 들어섰으나, 흥선대원군의 서원 철폐령으로 없어지고 말았다.

섬강 갈림길에 이정표가 서 있다. 낚시터를 지나자 건등산 들머리다. 같이 간 사위가 헉헉댄다. 숨소리가 커진다. 바람을 쐬며 사과 한 쪽을 건네주자 달게 먹는다. 산에 들면 뭐든지 맛있다. 맛은 고통의 강도에 비례한다.

건등산(建登山, 260m)이다. 고려 태조 왕건이 오른 산이다.《여지도서》와《강원도원주군읍지》에는 "관문에서 서쪽으로 40리에 있다. 고려 때 적을 토멸하기 위해 군대를 정돈하여 이 산에 올랐던 일을 돌에 새겨 뒷사람이 그렇게 이름을 붙였다"고 했다. 건등산 동남쪽 후용리에는 견훤산성이 있고, 궁촌리에는 견훤 궁궐터였다는 궁말이 있다.

신라는 하대(780~935)에 들어서면서 무너지고 있었다. 제37대 선덕여왕부터 56대 경순왕까지 155년간 왕 20여 명이 바뀌었다. 귀족의 사치와 부패는 극에 달했다. 제51대 진성여왕(~897)은 음란했다. 정을 통하던 숙부 위홍이 죽자, 미소년을 불러들여 요직을 주고 잠자리를 계속했다. 서라벌에는 금으로 도금한 집이 서른다섯 채나 되었다. 신라는 위로부터 썩기 시작했다. 단풍이 산꼭대기에서 산 밑으로 내려오는 이치와 같다. 889년 상주에서 '노비 원종과 애노의 난'이 일어났다. 894년 최치원은 '시무 10조'를 올려 정신 차리라고 일렀으나 소귀에 경 읽기였다. 임금은 임금대로, 귀족은 귀족대로, 백성은 백성대로 각 자도생(各自圖生) 사분오열(四分五裂)했다.

899년 부터 후백제 멸망(937년)까지 왕건과 견훤의 쫓고 쫓기는 싸움이 벌어진다. 신라 정부는 통제력을 잃었고 호족은 전투상황을 살피며 어느 쪽에 줄을 서야 할지 눈치를 보고 있었다. 899년 9월부터 이듬해 4월까지 견훤은 문막(후용리)에 성을 쌓고 건등산에 진을 치고 있는 왕건과 격전을 벌였다. 문막 전투는 왕건의 압승으로 끝나고, 견훤은 완산주(전주)로 내려가 후백제(900)를 세우고 다시 북진 기회를 노리게 된다.

건등산을 내려오자 등안리다. 풍수에서는 닭이 알을 품고 있는 금계포란형(金鷄抱卵形)이라고 한다. 동네에 들어서면 느낌이 온다. 쉼터 옆에 '王建登岸(왕건등안)'이란 조그만 표지판이 서 있다. "왕건이 통일을 꿈꾸며 올랐던 건등산 품에 안긴 풍족하고 평화로운 마을……." 등안리 사람들의 자긍심이 느껴진다.

골목길 다 쓰러져 가는 흙벽 집 앞에 검정색 제네시스가 멈춰 섰다. 운전석 문이 열리더니 개량 한복 입은 자가 천천히 다가왔다. "무엇 하는 분인지요?" 명함을 건넸더니 금방 표정이 밝아진다. 그는 추석 연휴를 맞아 고향에 다니러 왔다고 하며 마을을 소개했다. "등안리는 경주김씨 집성촌이다. 경주김씨는 신라 왕실의 혈통을 이어받았지만 고려 왕건과도 관계가 좋았다. 우리 마을은 풍수 재해가 없다. 아무리 비가 많이 와도 수해가 없고 벼가 쓰러지지 않는다. 춘천에 박사마을이 있듯이 원주 등안리에도 많은 인물이 나왔다." 김기현은 "태

섬강길은 언제 어느 때 걸어도 좋다(원주시 걷기여행길안내센터 제공).

어나고 자랐던 손때 묻은 집을 보존하고 싶어서 1946년 상량식 때 올린 대들보를 그대로 두고 있으며. 담 너머 이웃은 모두 친척이다"라고 했다.

다시 섬강 길로 들어섰다. 물소리만 들어도 마음이 차분해진다. 섬강 절벽과 강물이 풍광을 이룬다. 데크에 긴 의자가 놓여있다. 동네 노인이 쉬었다 가라고 손짓한다. "우리나라에 이렇게 경치 좋은 곳이 몇 군데나 되겠어요. 봄에는 아카시아 향기, 여름에는 시원한 강바람, 가을엔 들판에 익어가는 벼만 바라보고 있어도 마음이 넉넉해져요. 마음 부자로 치면 아마 내가 재벌일 거요." 남자들의 고향 자랑, 동네 자랑, 풍경자랑을 듣다 보니 밥때가 지났다.

호암빌리지다. 코스모스가 바람에 흔들린다. 타는 자나 걷는 자나 표정이 코스모스다. 강아지풀과 억새로 뒤덮인 문막 소공원이 지척이다. 배에서 꼬르륵 소리가 난다. 사위가 말했다. "장인어른, 뱃가죽이 허리에 착 달라붙었어요. 뭘 좀 먹고 가지요." 문막교 지나 설렁탕집이다. 사위는 수육국밥을 특대로 시켰다. '금강산도 식후경(食後景)'이다.

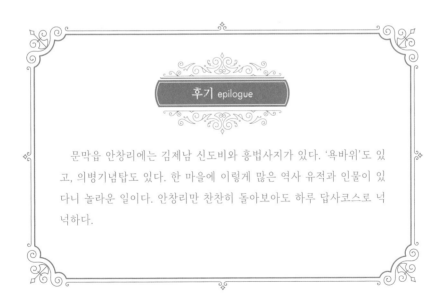

후기 epilogue

문막읍 안창리에는 김제남 신도비와 흥법사지가 있다. '욕바위'도 있고, 의병기념탑도 있다. 한 마을에 이렇게 많은 역사 유적과 인물이 있다니 놀라운 일이다. 안창리만 찬찬히 돌아보아도 하루 답사코스로 넉넉하다.

원주는 몰라도 문막은 안다

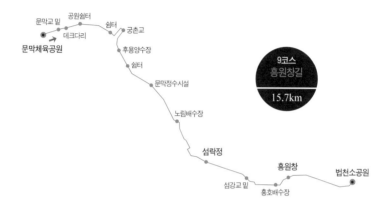

예로부터 문막은 물류 중심지요, 군사 요충지였다. 섬강과 남한강 따라 많은 물자와 사람이 오갔고, 기름진 땅과 드넓은 평야가 있어 삼국은 문막을 차지하기 위해 각축을 벌였다. 백제, 고구려, 신라, 견훤, 궁예, 왕건이 차례차례 문막을 거쳐 갔고, 그때마다 민초들은 살아남기 위해 눈치를 살피며 줄을 서야 했다. 어떤 자는 죽어야 했고 살아남은 자도 언제 죽을지 몰랐다. 문막은 개경과 한양이 가까워 소문이 들끓었고, 문호가 열려있어 깨어있는 자가 많았다. '원주는 몰라도 문막은 안다'는 말이 괜히 나온 게 아니다.

'흥원창길'은 문막 소공원에서 노림리와 흥원창을 지나 개터나루까지, 섬강 따라 문막을 에도는 40리 길이다. 문막은 다리가 없던 시절, 섬강나루터에 막을 치고 마을이 있었다고 '물'의 옛말인 '믓'에 '막'을 붙여 '믓막'이라 하였는데 '믓막'을 한자로 옮기는 과정에서 문막이 되었다(《원주지명총람》 상권 참조).

51번 시내버스를 타고 문막고등학교 건너편 '물굽이'에서 내렸다. 등산용 깔개를 두고 내렸는데 뒤따라오던 젊은이가 주워준다. 뭘 두고 내리거나 놔두고 오는 일이 잦다. 노화는 피할 수 없는 자연의 법칙이요, 당면과제다.

문막교 밑을 지난다. 이곳은 옛 물굽이나루터였다. 큰 돛을 이용해 물자를 나르던 배가 있었고, 우마차를 실었던 거룻배도 있었다. 봄이 되면 각지에서 올라온 세곡과 진상품을 경창(京倉 : 한양)으로 실어 보냈고, 돌아올 때는 소금, 새우, 젓, 독, 석유와 같은 식료품과 생활용품을 실어와 말과 소를 이용해 내륙지방으로 보내는 조운(漕運) 역할을 했다. 나루터는 사람으로 붐볐고 주막

왼쪽은 1936년 대홍수가 지나간 후, 섬강 포진리 제방 붕괴 모습. 오른쪽은 1930년 물굽이나루터에서 나룻배에 자전거를 싣는 모습. 멀리 건등산이 우뚝하다(2003, 《문막읍사》).

과 봉놋방은 차고 넘쳤다. 그러나 장마철만 되면 비상이었다. 1936년 대홍수 때는 강물이 넘쳐 문막읍 전체가 물바다가 되었다. 환경부 한강홍수통제소는 2009년 7월 12일 집중호우 때 최고수위 5.96m를 기록했다고 교각 기둥에 크게 적었다.

섬강에는 나루터가 다섯 개 있다. 물굽이와 반계리를 잇는 물굽이나루터, 포진1리 개나루터, 건등리에서 취병리와 안창리를 잇는 석지나루터, 후용리와 반계리를 잇는 후용리나루터, 250년 된 느티나무가 서 있는 포진2리 삼괴정나루터다. 나루터는 민족항일기 여주~원주 간 신작로(42번 국도)가 생기고, 1940년 중앙선 개통으로 동화역이 생기면서 이용량이 차츰 줄다가, 한국전쟁 중 물굽이나루터 위에 미 공병대가 설치한 목재 다리가 놓이면서 기차와 자동차에 자리를 내어주고 말았다.

섬강 둑길 억새 위로 뭉게구름 두둥실(원주시 걷기여행길안내센터 제공)

억새 숲이다. 드론이 난다. 젊은이가 섬강 창공으로 드론을 날리며 조종술을 익히고 있다. 황금 들판 위로 비닐 독수리가 바람 따라 흔들린다. 사람은 새를 막아보려 하지만, 새들은 죽기 살기로 살고 있다. 긴 둑방길이 이어진다. 삼괴 정나루터를 지나자 후용리나루터다.

케냐에서 선교 활동 중 일시 귀국한 노 목사 한 분은 "나는 취병리가 고향인데, 어릴 때 어른들이 하는 말이 나루터 건너 숲에 백여우와 눈 큰 놈이 살고 있다. 해진 다음 건너가면 여우한테 홀려서 죽는다고 했다. 지금 생각해보면 눈 큰 놈은 호랑이가 아닌가 싶다"라고 했다. 호랑이가 살았던 숲은 KCC 공장이 되었고, 굴뚝에서 하얀 연기가 올라오고 있다. 그는 "타임머신을 타고 '백여우와 눈 큰놈' 이 살았던 시절로 돌아가고 싶다."고 했다.

굽이길은 직진이지만 오른쪽은 삼괴정나루터요, 왼쪽은 견훤산성터다. 나루터를 건너면 800년 은행나무로 유명한 반계리다. 어느 날 마을을 지나던 스님이 목이 말라 물을 마신 다음 지팡이를 꽂아놓고 갔는데 지팡이가 은행나무가 되었다. 은행나무 안에는 흰 뱀이 살고 있으며, 단풍이 한꺼번에 들면 다음 해는 풍년이라는 이야기가 전해온다. 반계리 노인회관에서 만난 노인 말에 따르면 "이 나무는 수 나무로서 은행이 달리지 않는다. 하지만 사방 10리 안에 있는 암 나무 100여 그루가 기를 받아 은행을 맺고 있다"고 한다. 노란 잎으로 물든 반계리 은행나무는 부론 거돈사터와 함께 이름난 사진작가들이 즐겨 찾는 명소로 알려져 있다.

굽이길에서 벗어나 왼쪽 영동고속도로 밑을 지나면 견훤산성 들머리가 나온다. 나는 2020년 11월 6일 들머리를 찾아 문막 궁촌리와 후용리 일대를 헤맸다. 후용리 고청동길에서 만난 할머니는 "산꼭대기 돌무더기 있는 곳에서 큰 싸움이 있었다는 말을 듣고 자랐다"고 했고, 옆에 있던 할아버지는 "거기 돌밖에 별로 볼 것도 없는데 뭐하러 가느냐?"고 물었다. 윈스턴 처칠은 "더 멀리 뒤돌아보아야, 더 멀리 내다볼 수 있다"고 했다.

견훤산성은 찾기도 어렵고 어렵사리 찾아와도 역사적인 배경을 모르면 '돌무더기'에 불과할 뿐이다. 산성터 꼭대기에 올라서자 문막 들판과 건등산, 섬강이 한눈에 들어온다. 왕건과 견훤은 건등산과 견훤산성에 진을 치고 899년 10월부터 이듬해 4월까지 문막 들판에서 큰 싸움을 벌였다. 궁예는 그해 7월 경기도 가평 비뇌성 전투에서 양길을 제압하고 여세를 몰아 북원(원주)까지 내려왔다. 견훤은 양길과 동맹 관계였다. 양길이 죽자, 위협을 느낀 원주 호족 원길연은 견훤에게 러브콜을 보냈다. 무진주(광주)에 있던 견훤이 군사를 이끌고 원주로 달려왔다. 궁예는 왕건에게 군사를 주어 대치했다. 궁예의 남진이냐, 견훤의 북진이냐를 판가름할 중요한 싸움이었다. 문막에는 일촉즉발 전운이 감돌고 있었다.

견훤은 오만했다. 견훤은 왕건에게 편지를 보내 "평양성을 점령한 후 말에게 대동강 물을 먹이겠다"는 포부를 펼쳐 보였다. 왕건은 치밀했고 지혜로웠다. 정공법보다 고사작전을 택했다. 견훤성으로 가는 육로를 막아 군량미 조달을 막고 강물이 휘감아 도는 취병산 밑 섬강도 막았다. 견훤 군사는 굶주렸고 배가 고파 허깨비가 보였다. 이때 왕건은 군사를 시켜 강물에 횟가루를 풀고 둑을 텄다. 둑이 터지면서 뿌연 물이 내려갔다. 굶었던 군사들의 눈에는 쌀뜨물로 보였다. 물을 마신 군사들은 하나둘 쓰러졌다. 왕건은 싸우지 않고 이겼다. 완벽한 승리였다. 구전에 의하면 "견훤산성에는 뱀이 많지만 사람을 물지 않는다.

죽은 견훤의 군사가 뱀으로 환생하여 사람의 혼과 섞여 있기 때문이다"라고 한다. 왕건은 문막 전투를 계기로 한강 수로를 장악해 병참선을 확보할 수 있었고, 남진을 계속하게 되었다.

견훤은 문막 전투 패배 후 남쪽으로 내려가 완산주(전주)에 도읍을 정하고, 후백제를 세웠다(900년). 이어서 후당, 오월, 일본과 외교관계를 맺고, 구산선문(九山禪門) 중 하나인 남원 실상사(개창조 홍척) 편운대사의 지원을 받으며 세력확장에 나섰다.

견훤은 어떤 사람이었을까? 견훤(867~936)은 상주 가은현(문경시 농암면 궁기리) 사람이다. 본래 성은 이씨였지만 견으로 성을 바꿨다. 아버지 아자개는 백제 의자왕 태자였던 융의 8대손이다. 견훤은 통일신라 말기 서남해안을 방어하던 신라의 장수였다. 신라 하대 혼란을 틈타, 892년 순천 호족(김총, 박영규 등)의 지지를 받아 스물다섯 살 때 무진주(광주)에서 군사를 일으켰다.

견훤은 927년 11월 서라벌로 쳐들어가 포석정에서 경애왕을 죽이고 김부를 신라왕으로 세웠다. 《동사강목》은 경애왕의 최후에 대해 이렇게 묘사했다. "경애왕은 호위군사가 없자 다급한 김에 손수 병풍으로 가리고 광대 100명으로 막게 했다. 황급히 다른 궁으로 달아나 숨었으나 잡혀 와서 견훤의 강요로 자결했다." 서라벌은 아비규환이 되었다.

왕건은 견훤이 신라를 침공했다는 소식을 듣고 신라를 도와주러 달려왔으나 때는 늦었다. 왕건은 돌아가는 길에 대구 팔공산에서 견훤과 맞붙었다. 왕건은 팔공산 전투에서 크게 패하고 부하 신숭겸의 도움으로 겨우 목숨만 건져 탈출했다. 《동사강목》은 "신숭겸은 왕건과 용모가 비슷하여 대신 죽고자 했다. 왕건을 숲에 숨게 하고 자신이 왕인 것처럼 어차(御車 : 왕의 수레)를 타고 나가 싸우다 가 죽었다. 신숭겸 시신은 왼쪽 발에 있는 북두칠성 모양 검은 사마귀를 보고 찾았다"고 했다. 《대동운부운옥》은 "견훤은 신숭겸의 머리를 베어 차에 꽂아 가 져갔다"고 했고, 《증보문헌비고》는 "태조는 신숭겸의 시신에 머리가 없자 목공 에게 머리와 얼굴을 만들게 한 다음 의복을 갖춰 입히고 후하게 장례를 치러주 었다"고 했다.

견훤은 승승장구했으나, 934년 고창(안동) 전투에서 왕건에게 크게 패하고 기 세가 꺾였다. 견훤은 지는 별이었다. 호족들은 눈치를 살피다가 왕건 쪽에 줄 을 서기 시작했다. 강릉부터 울산까지 10개 성 호족과 영천, 하양, 청송 등 30 여 군현이 왕건에게 귀부했다. 935년 견훤은 아들 신검 등 삼형제의 반란으 로 금산사에 유폐되었으나 탈출하여 왕 건에게 귀부하였다. 이듬해인 936년 견훤은 왕건과 함께 자신이 세운 후백 제를 무너뜨린 후, 70세를 일기로 파란 만장한 삶을 마쳤다.

김부식은 《삼국사기》에서 "견훤은 신 라의 백성으로 일어나, 흉측한 마음을 품어 나라의 위기를 틈타 도성과 고을 을 침략하였다. 임금과 신하를 살육하 였으니 실로 천하의 원흉이었다. 마침 내 제 자식으로부터 화를 입었으니 이

문막읍 후용리 견훤산성 유적지비

는 모두 자업자득이었다"라고 했다. 역사의 기록은 승자에게 관대하고 패자에 겐 가혹하다. 견훤은 한때 한반도의 3분의 2를 들었다 났다 했던 후백제의 지도자였다. 그는 신라를 적대시하고, 과도한 조세를 거두어 백성의 원성을 샀으며, 호족세력을 포섭하는 데 실패하였다. 하지만 빼어난 정치적인 안목으로 후백제를 일으켜 백제 유민의 한을 풀어주었고, 중국과 외교관계를 맺는 등 국제적인 감각도 겸비한 탁월한 리더였다.

죽은 자는 말이 없다. 역사는 승자의 기록이다. EH Carr는《역사란 무엇인가》서문에서 "사실이나 문서는 역사가에게 필수적이지만, 맹목적으로 숭배해서는 안 된다. 사실이나 문서가 스스로 역사를 만드는 건 아니다. 모든 역사적인 판단에는 인간이란 요소와 관점이란 요소가 포함되기 마련이고 어떤 판단이든 객관적인 역사적 진리는 없는 것이다"라고 했다. 나는 정사(正史)를 중시하지만, 민초들의 숨결이 담겨있는 전설이나 야사(野史)에서 행간의 의미를 찾는다. 나는 구전의 힘을 믿는다.

잠자리 한 쌍이 찰싹 붙어 날아간다. 어릴 때 보았던 코브라 헬기가 생각난다. 가을은 곤충의 짝짓기 계절이다. 식물도 씨를 퍼뜨린다. 민들레처럼 바람에 의지하거나 개미, 말벌, 귀뚜라미를 통해 씨를 퍼뜨리기도 한다. 자연은 상생이다. 자연에 독불장군은 없다.

섬강은 문막을 지나 부론으로 접어든다. 노림리(魯林里) 배수장이다. 노림리는 '노숲마을'이다. 한백겸이 중국에 사신으로 갔다가 노나라 느티나무를 가져와 무성한 숲을 이루었다고 '느섶'이었으나 변음하여 '노숲'이 되었다. 마을에서는 매년 음력 11월 3일 느티나무를 기리는 제사를 지내고 있다. 노림리는 인조의

정비(正妃)였던 인열왕후 고향이다. 인열왕후 부친은 한준겸이요, 백부는 《동국지리지》 저자 한백겸이다. 청주한씨는 조선시대 3정승 6판서를 배출한 남인 가문이다.

인열왕후는 1594년 원주 목사를 지냈던 한준겸의 넷째 딸로 태어났다. 1610년 열일곱 살 때 선조의 손자 능양군(陵陽君, 인조) 배필로 간택되어 궁궐에 들어갔다. 인조반정으로 서른 살 때 왕비로 책봉되었고 소현세자와 봉림대군, 인평대군, 용성대군을 낳았다. 1635년 마흔두 살 늦은 나이에 아들을 낳고 산후 통증으로 죽었다. 맏아들 소현세자는 병자호란 때 청에 볼모로 끌려갔다가 귀국한 지 한 달 만에 급사했고, 둘째 아들 봉림대군은 북벌론을 주창했던 효종이다.

인열왕후는 인조반정 때 능양군에게 갑옷을 입혀주며 격려할 정도로 대담했지만, 흉년이 들었을 때 굶주리는 백성 구휼에 앞장서고 궁내 호위무사까지 보살필 정도로 세심했다. 궁녀의 시기 질투도 지혜롭게 처리했던 자상하고 명민한 왕비였다. 이긍익의 《연려실기술》에 이야기가 나온다. "고향이라는 궁녀가 옛 임금 광해를 잊지 못해 때때로 구슬피 울고 있다고 다른 궁녀가 고자질했다. 왕후는 고향을 불러 이르기를 '너는 의리를 아는 사람이다. 국가의 흥망은 무상한 것이다. 임금께서는 하늘의 도움으로 오늘 보위에 올랐으나 훗날 광해처럼 될지 누가 알겠느냐?'라고 하며 상궁에게 명하여 후추 한 말을 내려주었다. 고자질한 궁녀에게는 '너의 행실을 보아하니 옛일을 알겠다'라고 하며 엄하게 꾸짖었다."

내조의 힘은 강하다. 부인은 남편에게 옳은 말을 해 줄 수 있는 최후의 동지다. '마누라 말을 잘 들으면 자다가도 떡이 생긴다'는 속담도 있다.

인열(仁熱)은 '성품이 어질고 의리에 밝으며 당찬 기세와 공이 있다'는 뜻이다. 시호에 얽힌 이야기가 있다. 왕비가 죽자, 인조는 시호를 '명민하고 모범적이다'라는 뜻을 담아 '명헌(明憲)'이라 하였으나, 사헌부 대사헌으로 있던 청음(淸陰) 김상헌(1570~1642)이 "시호를 정하는 일은 담당 관헌의 소임이니 임금 뜻대로 할 수 없다"고 강력히 주장하여 인열이 되었다고 한다. 인동(仁洞)이란 지명도 인열왕후 시호를 본떠지었다. 영조는 인열왕후 탄생지(원주고등학교 옆)에 추모비를 세웠으나 한국전쟁 때 불탔고, 제천 청주한씨 종중에서 세운 탄생비가 서 있다. 인열왕후는 파주군 탄현면 갈현리 장릉(長陵)에 인조와 같이 묻혀있다.

섬강 건너 세종천문대가 지척이다. 강가에서 웃음소리가 들려온다. 물소리와 어울려 화음을 이룬다. 섬락정(蟾樂亭)이다. 강을 바라보며 담소 나누기 좋은 팔각 정자다. 버린 페트병 꾸러미를 담았다. 어디 가나 경치 좋은 곳은 쓰레기 지천이다. 버리기는 일등, 줍기는 꼴등이다. 섬강 두꺼비 오토캠핑장이다. 가족 단위 야영객으로 가득하다. 가을 여행지로 적격이다. 새끼 고라니 한 마리가 억새숲에 서 있다. 눈이 마주쳤다. 눈빛이 맑고 곱다. 총총한 억새 위로 햇살이 눈부시다. 머리 위는 영동고속도로, 발밑은 한강 종주 자전거길이다. 충주댐 59km, 팔당대교 83km 이정표가 선명하다.

탁 트인 강변이 펼쳐진다. 멍석을 깔아놓은 듯 판판하다. 강물 위로 햇살이 눈부시다. 흥원창이다. 횡성 태기산에서 발원해 호저, 지정, 문막을 거쳐온 섬강과 정선, 영월, 단양, 충주를 지나온 남한강이 한 몸을 이루는 합수머리다. 흥원창(興元倉)의 옛 이름은 섬구포(蟾口浦)였으나 고려 초기 은섬포(銀蟾浦)로 바꿰었다. 정자에 옛 흥원창 풍경 그림 한 점이 걸려있다. 지우재(之又齋) 정수영 (1743~1831)의 '한임강명승도권(漢臨江名勝圖卷)'에 나온다. 그는 1796년 여름부터 다음 해 봄까지 한강과 임진강을 유람했다. 행로는 3차까지 이어졌다. 1차 행로는 경기도 광주부 언부면(지금의 강남구 삼성동 선릉과 정릉)을 출발하여 여주를 거쳐 원주까지 왔다가 충청도 직산을 거쳐 다시 양근(양평), 여주로 되돌아가는 코스였다. 이때 그린 약 16m 두루마리 그림이 '한임강명승도권'이다.

고려와 조선시대는 세곡을 물길 따라 개경과 한양까지 운송했다. 세곡을 쌓아놓는 창고를 조창이라 하였다. 고려시대는 13곳이 있었는데 11곳은 서해와 남해를 이용했던 해운창(海運倉), 2곳은 강 길을 이용했던 수운창(水運倉)으로서 충주 덕흥창과 원주 흥원창이었다.

조선시대에는 9곳이 있었는데 수운창은 춘천 소양강창, 충주 가흥창, 원주 흥원창 등 3곳이었다. 수운창에는 200석을 싣는 평저선(平低船) 20여 척을 배치했고, 해운창에는 1,000석을 싣는 초마선(哨馬船) 6척을 배치했다. 조창에는 조운 사무를 관장하는 판관이 배치되었고 중앙에서 감창사(監倉使)를 파견하여 부정을 감시했다. 세곡이 많은 곳은 도둑도 많은 법. 다산 정약용은 《책문》에서 "중앙까지 제대로 도착하는 것은 열에 네댓 석이었다"고 안타까워했다. 조창은 조선 후기에 들어오면서 조세미를 면포나 돈으로 환산하여 받으면서 쓰임새가 적어졌고, 관선(官船) 운송을 민간 사선(私船)으로 넘겨 세곡을 한양까지 곧바로 운송하면서 차츰 사라지고 말았다.

흥원창은 영동(강릉, 삼척, 울진, 평해)과 영서(영월, 평창, 정선, 횡성, 원주) 세곡을 가을에 수납하여 창고에 보관했다가, 강물이 불어나는 이듬해 2월부터 4월까지

흥원창 표지석

배에 실어 옮겼다. 대관령 너머 영동지방 세곡은 흥원창을 거쳐 경창까지 운송하려면, 거리도 멀고 보관에도 어려움이 많았다. 문제가 있으면 해결책도 있는 법. 세종 때 신하들이 나섰다.

《조선왕조실록》 세종 13년(1431) 9월 26일 기록이다. "황희, 맹사성, 권진 등이 임금에게 건의하였다. 신 등이 생각하옵건대, 함길도의 사신 접대 비용이 부족하여 장래가 염려되오니, 강원도 영동 각 고을에서 바치는 흥원창의 조세를 안변으로 보내게 하여 조금이라도 돕게 하옵소서." 임금이 말했다. "이는 내가 생각하지 못한 바인데, 경들이 깊이 생각하여 말을 하니 심히 기쁘다. 이와 같은 일은 함께 생각하여 아뢰는 것이 진실로 마땅하다." 이때부터 영동 세곡은 함길도 안변으로 운송하게 되었다. 물류비용을 절감하고 세금을 적재적소에 쓰는 효율적인 국정운영 사례였다. 역사는 선조들의 경험이 축적된 보물창고다.

흥원창에서 바라본 남한강 일몰(원주시 걷기여행길안내센터 제공)

　세곡 운반선은 배 밑이 낮고 평평한 배(평저선 : 平低船)를 이용하였다. 강바닥
이 낮거나 강물이 적어 배가 다니기 어려운 곳은 강 양쪽에 줄을 대어 소가 끌
었다. 흥원창에는 21척 있었다. 세곡운반은 판관의 지휘를 받으며 초공(梢工)과
수수(水手)가 담당했다. 배삯(조선수경가, 漕船輸京價)은 5섬당 1섬부터, 20섬당 1
섬까지 다양했다. 고려 성종 11년(992) 흥원창에서 개경까지 운임을 책정했다.
《고려사》는 "은섬포는 6섬당 1섬이다. 이전 호칭은 '섬구포'로서 평원군에 있
다"라고 했다.

　세곡 운반에는 고충도 많았다. 영월과 충주 탄금대 구간은 급류와 암초가 많
고, 단양 상류 구간은 수심이 얕아 물이 많을 때가 아니면 다닐 수 없어서, 벼
50석 규모의 작은 배를 이용했다. 급류를 거슬러 오르기 위해서는 칡으로 만
든 동아줄을 선체에 묶어 배에 탄 사람이나 가까운 절과 마을 사람에게 부탁하
여 배를 끌어 올렸고, 유사시를 대비하여 선단을 이루어 운항하기도 했다. 양

평 세월리와 여주 가야리, 이포 주민들은 '뱃골'을 파서 운반선의 이동을 돕는 대가로 '여울세', '봇세', '골세'를 받기도 했다. 탄금대 흥원창 구간은 물이 많고 급류가 적어 100석 규모의 큰 배가 다닐 수 있었다. 이런 곳만 빼면 흥원창에서 임진강 합류지점까지는 물이 많고 굽이도 완만해서 100석에서 150석 규모의 큰 배가 오가는 데 어려움이 없었다(원주 얼교육관 간, 《흥원창과 원주 3대 사찰지》, 26쪽 참조).

세곡은 흉년에 굶주리는 백성을 위해 구휼미로 활용했다. 명종 3년(1548) 4월 2일 강원도 관찰사 이몽량은 수하 관리를 불러 다음과 같이 조정에 건의하라고 지시하였다.

> 내일 대신에게 수의(收議)하라. 도내 각 고을 창고에 있는 곡식이 부족하여 굶주리는 백성을 두루 구제하지 못하여 지난번 경창의 쌀을 줄 것을 계청(啓請)하였지만, 호조가 방계(防啓 : 장계를 막음)하여 정지시켰다. 다른 고을은 곡식이 넉넉한 인근 관아 창고의 것을 가져다 구할 수 있으나, 원주는 지역이 넓고 백성이 많아서 쌓아놓았던 곡식을 남김없이 나누어 주었기 때문에 주민이 꼼짝없이 죽음을 기다리고 있다. 온갖 계책으로도 구제하기 어려우니 지극히 염려스럽다. 흥원창과 수양강창에 전세로 받아 놓은 쌀과 콩이 모두 7백여 석이니, 이것을 나눠준다면 거의 한 주(州)의 백성이 수십 일 동안 연명할 수 있다.

목민관에게 가장 중요한 일은 백성의 먹고사는 문제를 해결해 주는 것이었다. 세곡을 거두기만 하고 백성이 굶주릴 때 풀지 않는다면 백성은 도적이 되어 관아 창고나 부잣집 곳간을 털게 된다. 시대를 막론하고 민란의 주된 원인은 먹고사는 문제였다. 다산 정약용은 귀양살이에서 풀려난 이듬해 1819년 4월 15

일 맏형 정약현과 함께 선영이 있던 충주 하담으로 가면서 흥원창에 들러 '강행절구(江行絶句)'라는 시를 남겼다. 봄철 조운이 끝났는데도 관리가 백성에게 나루터 사용료를 받아내는 모습이 눈에 보이듯 생생하다. 민초들은 이리 뜯기고 저리 뜯기며 겨우 살았다.

> 흥원포 옛 창고 건물은, 가로지른 서까래 일자(一字)로 붙어 있네.
>
> 봄철 조운을 이미 다 마쳤는데도, 또 호탄전(護灘錢)을 강요하여 받아내는구나.

흥원창의 쇠락과 더불어 조선은 망해가고 있었다. 깊은 강은 소리를 내지 않는다. 물빛 위로 물새 한 쌍이 푸드덕 허공을 가른다. 개치나루터다.

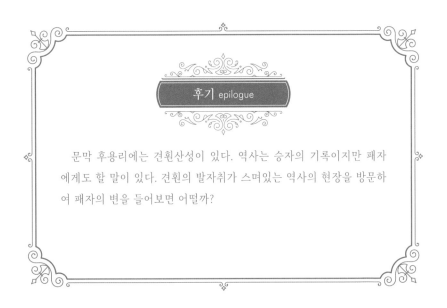

후기 epilogue

문막 후용리에는 견훤산성이 있다. 역사는 승자의 기록이지만 패자에게도 할 말이 있다. 견훤의 발자취가 스며있는 역사의 현장을 방문하여 패자의 변을 들어보면 어떨까?

지광국사가 정치승려였다고?

부론은 천년 사찰과 역사 인물의 고장이다. 폐사지로 유명한 법천사지와 거돈사지가 있고, 고려 공양왕이 머물렀던 손곡리도 있다. 단종이 유배길에 쉬어갔던 느티나무도 있고, 허균과 허초희의 스승 손곡 이달도 있다. 명 · 청 교체기에 억울하게 희생된 임경업이 있고, 유배 생활을 마치고 낙향하여 후학양성에 전념했던 태재 유방선도 있다. 평생 초야에 묻혀 학자로 살다 간 우담 정시한도 있다.

부론(富論)은 《조선지지자료》에 '벌논들(伐論坪)'이다. 벌판에 논이 있다고 '벌논'이었는데 '벌논'을 한자로 옮기면서 부론이 되었다. 두 가지 설이 있다. 흥원창에 많은 사람이 오가면서 말이 들끓었다는 설과 조선시대 3대 판서가 살고 있어 고을 수령과 감사가 자문을 받으러 왔다는 설이 있다.

부론이란 지명은 1760년 《여지도서》에 처음 등장한 이래 한 번도 바뀌지 않았다. 면 소재지는 흥호리에 있었으나 1936년 대홍수로 큰 피해를 입은 후 1950년 3월 현 자리로 옮겼다. '천년사지길'은 '개치나루'에서 법천사지와 거돈사지를 지나 하부론 미덕슈퍼에 이르는 50여 리 역사문화길이다.

개치나루다. 남한강이 섬강과 몸을 섞기 위해 다리쉼을 하고 있다. 시인 신경림은 '개치나루'에서 "그해 봄에 꽃가루 날리고 / 꽃바람 타고 역병이 찾아와 / 마을과 나루가 역병으로 덮이던 고장이다 // 다시 전쟁이 일어 / 내 외로운 친구 숨죽여 떠돌다가 / 저 느티나무 아래 몰매로 묻힌 고장이다"라고 하며 애달파 했다. 나루터에는 격동기를 살아낸 선조들의 애환이 잠들어있다. "못난 놈들은 서로 얼굴만 봐도 흥겹다"고 했던 시인 모습이 흑백사진처럼 떠오른다.

긴 둑길을 따라가자 법천사지다. 입구에 당간지주가 우뚝하다. 탑비까지 500m, 전체 규모 5만 5천 평이다. 절이 아니라 마을 그 자체라고 봐도 될 정도다. 법천사는 신라 성덕왕 24년(725) 건립된 법상종 사찰이다. 법상종은 현세에 부처가 되기보다 미래에 중생을 구제하는 미륵불을 따른다. 고려 문종 때 지광국사 하산소로 왕실 지원을 받아 큰 절이 되었다. 경주 황룡사지와 익산 미륵사지에 이어 세 번째로 큰 폐사지다. 물길을 따라가면 중국까지 갈 수 있고, 예성강을 오르면 개경에 닿는다. 법당은 임진왜란 때 불탔고 승탑과 탑비만 남아있다. 고려 초까지 구족계(具足戒) 수계(受戒)식이 열렸던 관단사원(官壇寺院)이었다.

법천사지가 널리 알려지게 된 것은 승탑과 탑비 덕분이다. 승탑에는 파

법천사지 당간지주

란만장한 사연이 숨어있다. 주인공은 고려 문종 때 승려 지광국사(智光國師, 984~1070)다. 시호는 지광, 법명은 해린(海鱗), 속성은 원씨, 자는 거룡(巨龍), 아호는 수몽(水夢)이다. 부친 원휴(元休)는 원주 호족이었다. 여덟 살 때 법천사 관웅한테 배웠고, 관웅을 따라 개경 해안사로 가서 준광 밑에서 머리를 깎고 출가하였다. 열여섯 살 때(999) 용흥사에서 구족계를 받고 정식 승려가 되었다. 스물한 살 때 승과시험에 합격했다. 수다사와 해안사 주지(1030)를 지냈고, 문종 1년(1046) 임금의 부름을 받아 궁궐에서 설법했다. 이듬해 권세가 이자연(고려 문종의 장인)의 다섯째 아들 이소현(해린 입적 후 승탑과 탑비 제작을 주도하였고, 왕사로서 금산사 주지가 됨)을 출가시켰다.

문종 5년(1054) 개경 현화사(1017년 창건) 주지로 있으면서 절 보수공사를 맡아 마치 '도솔천을 옮겨놓은 듯' 아름답게 꾸며 임금의 신임을 받았다. 문종은 해린을 찾아와서 "스님은 아무렇게나 말을 하여도 도(道)로 하고 훌륭한 문장을 이룬다. 해리(북송 때의 문장가)의 문장력도 혼비백산하고, 문장을 나누면 척척 음운에 맞으니 담빙(중국 남란 사람)의 음운학 실력도 부끄러워할 정도다. 서화와 문장, 필법에 정통하고 민첩하니 누가 대적할 수 있겠는가"라고 극찬했다.

문종은 해린과 함께 어가를 타고 다녔으며, 넷째 아들을 출가시켜 해린이 있던 현화사로 보냈다. 그가 천태종 창시자 대각국사 의천이다. 해린은 문종 7년(1056) 왕사가 되었고 2년 후 국사로 추대되었다. 현종, 덕종, 정종, 문종 대를 거치면서 당대 가장 영향력 있는 승려로 주목받았다. 문종 21년(1067) 법천사로 하산하여 3년 후(1070) 10월 27일 87세를 일기로 입적하였다.

문종은 해린이 죽자 수제자였던 소현(韶顯)을 시켜 승탑과 탑비를 만들도록

지광국사 탑비와 지광국사 승탑(문화재청)

하였다. 완공(1085)까지 15년 걸렸고, 탑비에는 공사에 참여한 승려 1,380명의 이름이 새겨져 있다.

탑비는 반야용선(般若龍船) 모양이다. 중생이 사바세계에서 피안 극락정토로 건너갈 때 타고 간다는 상상 속의 배다. 법호 해린(海鱗)에는 반야용선을 타고 도솔천을 건넜다가 미륵부처가 되어 다시 돌아오고 싶다는 뜻이 담겨있다. 이수(螭首, 머릿돌) 밑에는 연꽃과 상여, 토끼 문양이 새겨져 있다. 지대석 위에는 거북이 앉아있고, 귀부(龜趺, 받침돌)에는 물고기 비늘과 임금 '왕(王)' 자를 수놓았다. 옆면 운룡(雲龍)은 금방이라도 하늘을 향해 날아오를 듯 꿈틀거린다.

탑비와 나란히 서 있던 승탑은 수난을 겪었다. 민족항일기인 1911년 9월 일본 골동품상 모리가 탑을 해체하여 오사카로 가져갔으나, 그해 12월 경복궁으로 되돌아왔다. 한국전쟁 때 폭격을 맞아 1만 2천여 조각으로 부서져 방치되어 있었으나, 1957년 베트남 대통령과 함께 경회루를 산책하던 이승만 대통령이 발견하고 격노하여 철골과 시멘트 모르타르로 긴급 복원하였다.

승탑은 2005년 국립중앙박물관을 용산으로 옮길 때 안전 문제로 남아있었다. 2005년과 2010년 문화재청 정기조사와 2015년 정밀안전진단 결과, 곳곳에서 균열이 발생하고 복원 부위 훼손 우려가 있어 전면해체 보존 처리하기로 하였다. 2016년 봄 대전 국립문화재보존과학센터로 옮겨 5년간 복원작업을 진행하였다. 전체 29개 부재 중 19개 새로운 석재가 사용되었는데, 유사 재질로 판명된 귀래면 석산 화강암이 공수되었다.

원주시는 1995년부터 문화재환수 운동을 벌였다. 원주문화원장 박순조는 "문화재는 제자리에 있을 때 가장 빛이 난다는 문화재 보존 기본원칙이 원주시민의 바람이자 입장이다. 한몸이나 다름없는 지광국사 탑과 탑비가 1085년부터 천년 이상 마주 보고 서 있던 자리(환지본처, 還至本處)에서 다시 만나길 기대한다"고 했다. 보존처리가 완료된 지광국사 탑은 복원 위치 결정을 위한 문화재위원회 심의와 탑 이전 행정절차 등을 거쳐 원주로 돌아오게 되었다.

해린은 왜 원주로 내려왔을까? 고려 건국 이후 100년이 지났지만, 북원경(원주)에는 양길과 궁예에 대한 선망이 남아있었다. 임금은 왕의 대리자나 다름없는 국사를 보내 호족을 포섭하고 민심을 다독여 왕실에 우호적인 분위기를 만들려고 했다. 법천사는 해린이 주지로 내려오면서 대대적인 중창 불사가 이루어졌다. 문종의 신임을 받았던 고승이 내려왔으니 왕실 지원은 물론이요, 게다가 원주원씨 출신이니 지방호족의 지원도 있었을 것이다. 법천사는 고려 의종이 다녀갈 정도로 왕실에서 특별 관리하는 사찰이었다.

법천사는 외적 침입 때는 전투기지로, 백성이 굶주렸을 때는 식량 공급처로, 질병이 창궐 때는 종합병원으로, 사람이 죽었을 때는 장례식장으로, 산불이 났을 때는 소방서로, 수로를 지나던 배가 좌초되었을 때는 견인처 역할을 하는 등 그야말로 만능 해결사였다. 무엇보다 중요한 역할은 중앙에서 파견된 수령과 협조하여 정권에 우호적인 여론을 조성하는 것이었다. 왕은 법천사에 전답을 내려 주고 면세와 면역 혜택을 주었으며, 사찰 증축이나 보수가 필요할 때는 인력과 예산을 지원해 주었다.

법천사는 종교 기업(?)이었다. 장뜰에서는 절에서 쓸 고추장과 된장을 만들었고, 숯가마 골에서는 먹이나 불쏘시개, 화장용(火葬用) 숯을 만들었다. 불경 간행을 위해 종이도 만들었다. 고려지(高麗紙)는 먹이 번지지 않아 중국과 일본에서도 알아주었다. 절 보수나 확장공사를 위해 목공과 석공이 들고났고, 구족계 수계식이나 법회에 참석하기 위해 남한강 수로를 따라 신도들이 몰려왔다. 음식점과 여관도 호황을 누렸다. 법천사는 고려 조정을 대신하여 정책을 집행하고 민심을 보살폈던 지방정부였다.

사람들은 법천사지 승탑과 탑비의 수려함에 주목하지만, 나는 고려 임금이 왜 그토록 지광국사를 좋아했는지 궁금했다. 그는 왕실과 귀족의 집중지원을 받아 불교계 지도자로 우뚝 섰다. 생각해보라. 임금이 스승으로 모셨고, 귀족 우두머리 이자연 아들도 지광국사의 수제자가 되었으니, 누가 감히 그의 말을 거역할 수 있겠는가? 지광국사는 중앙정치 권력을 등에 업고 법천사를 당대 최고의 사찰로 자리매김했던 정치 승려(?)였다. 달도 차면 기우는 법. 조선시대 법천사는 과거를 준비하거나 낙향한 선비가 학문을 연구하고 후학을 양성하는 고시원(?)으로 바뀌게 된다.

조선 초 태재(泰齋) 유방선(柳方善, 1388~1443)은 법천사에서 후학을 가르쳤다. 그는 12세 때 권근과 변계량한테 배웠고 18세 때 사마시에 합격했다. 스물한 살 때(1409) 성균관에서 공부하던 중 부친 유기(柳沂)가 태종 처남 '민무구의 옥[5]'

······················

5) 민무구의 옥 : 유방선 부친 유기는 태종의 둘째 처남 민무질과 친했다. 민무질은 세자였던 양녕대군과 친했다. 태종이 양위소동을 벌이자 민씨 형제는 양녕대군에게 왕위가 넘어오는 줄 알고 좋아했다. 민무구와 민무질이 유배되자 그들과 친했던 이무(李茂)가 유기에게 민씨 형제를 동정하는 말을 했다. 유기는 이무에게 말조심하라고 했다. 외척을 없애려고 작정했던 태종에겐 유기도 민씨 형제와 한패였다. 1410년 유기는 참수되었고 유기 부친 유후와 아들 유방선, 유방경은 유배되었다. 1427년 유배가 풀렸다. 유방선 사후 1455년(세조 1년) 유기 자손에게 과거시험 자격이 주어졌고, 유방선 아들 유윤겸(1401~)은 과거에 급제했다. 유씨 집안 복권은 세조 신하 덕분이었다. 원주 법천사에서 같이 과거 공부하던 유방선 제자들이었다.

에 연루되면서 파란을 겪게 되었다. 부친은 참수되었고, 그는 영천, 청주로 유배지를 옮겨 다니다가 18년 만인 1427년 자유의 몸이 되어 법천사로 내려왔다. 이후 조정은 유일천거(遺逸薦舉, 덕망 있는 선비에게 과거시험 없이 벼슬을 줌)로 주부(主簿, 종6품)에 제수하려 하였으나 사양하였다. 임진왜란이 끝난 후 허균은 법천사를 다녀가면서 유방선의 삶을 소재로 한《유원주법천사기(遊原州法泉寺記)》를 남겼다.

법천사는 과거를 준비하던 젊은 선비에게 인기가 많았던 고시원(?)이었다. 후학양성이라고 하지만 태재는 고시원 유명 강사(?)였다. 서거정은《태재집》서문에서 "조정에서 문학 하던 선비들이 의심스러운 것이 있으면 선생에게 나아가 물어보았다"고 했다. 이름난 제자로 한명회와 권람, 강효문, 서거정이 있다. 권람(1416~1465)과 한명회(1415~1487)의 인연은 드라마틱하다. 둘은 절친이었다. 권람은 35살 늦깎이로 과거에 장원급제했지만, 한명회는 낙방 거사였다. 그는 40세 때(1452년) 음서로 특별채용되어 개경에서 고려 옛 궁궐을 관리하던 종9품 경덕궁직(敬德宮直)으로 있었다.

한명회는 조정에서 승승장구하고 있는 권람을 보며, 부럽기도 하고 자존심도 상했다. 어느 날, 권람한테 연락이 왔다. 수양대군이 거사를 준비하면서 사람을 구하고 있으니 한 번 만나보라는 것이었다. 수양대군은 한명회의 번뜩이는 재기와 순발력을 한 번에 알아보았다. 한명회는 시험에는 약했지만, 정치 머리는 탁월했다. 그는 계유정난을 기획했고, 쿠데타에 성공하면서 출세 가도를 달렸다. 공부 머리와 정치 머리는 다른 듯하다. 정치는 판을 읽어내는 동물적인 감각과 배짱, 순발력이 있어야 한다. 한명회도 세월 앞에서는 어쩔 수 없었다.

1487년(성종 18년) 11월 14일 한명회가 죽었다. 사관은 이렇게 썼다.

　　상당부원군 한명회가 졸(卒)하였다. 젊어서 학문을 이루지 못하고, 불우하게 지내다
가 권람과 더불어 문경지교를 맺고, 세조가 잠저에 있을 때 알아줌을 만나 10년 사이에
벼슬이 정승에 이르렀다. 권세가 매우 성하여, 따르며 아부하는 자가 많았고, 손님들이
문에 가득하였으나, 접대하기를 게을리하지 아니하여, 한때의 재상들이 그 문에서 많
이 나왔고, 조정 관원으로서 채찍을 잡는 자까지 있었다. 성격은 번잡한 것을 좋아하고
과시하기를 즐겨하며, 재물을 탐하고 색을 즐겼다. 토지와 보화 등 뇌물이 잇달았고,
집을 널리 점유하고 어여쁜 첩을 많이 두어, 호사스럽고 부유함이 한때에 떨쳤다. 만년
에 권세가 떠나자 찾아오는 자가 없어서 홀로 탄식하곤 하였다. 여러 번 간관들이 논박
하였으나 소박하고 솔직하여 다른 뜻이 없었으므로 훈명(勳名)을 보전할 수 있었다.

한명회는 4번이나 공신에 책록되었고, 우의정부터 영의정까지 두루 역임하
였다. 세조와 사돈지간이고, 예종과 성종의 장인이었다. 한명회는 공부 머리는
떨어졌으나, 친구를 잘 두었고, 손님을 후하게 대접하는 등 인맥 관리에 뛰어
났다. 그는 책사이자 '정치 9단'이었다. 시대를 읽는 눈이 뛰어났고 다가온 '별
의 순간'을 잡아채는 순발력과 뱃심이 있었다. 독일 정치가 비스마르크는 "신이
역사 속을 지나갈 때 옷자락을 놓치지 않고 잡아채는 것이 정치가다"라고 했
다. 어느 시대나 한명회 같은 자는 있기 마련이다. 미래는 알 수 없고, 삶은 수
수께끼다. 강남 부자들이 산다는 압구정동(狎鷗亭洞)은 한명회가 지은 정자 이름
에서 따왔다. 압구정은 한명회 호(號)다.

법천사에 은둔했던 또 다른 인물은 우담(愚潭) 정시한(丁時翰 1627~1707)이다.
본관은 나주(羅州), 자는 군익(君翊)이다. 부친은 정언황(丁彦璜), 모친은 횡성조씨

다. 한양에 살던 사대부였으나, 1649년(인조 27년) 부친이 부론면 법천리로 내려오면서 원주와 인연을 맺었다. 어릴 때부터 신동 소리를 들었으며 26세 때인 1650년(효종 1년) 생원시에 합격하였으나 벼슬에 뜻을 두지 않고 학문연구와 후학양성에만 힘썼다. 유일천거(遺逸薦擧)로 사헌부 집의, 성균관 사업 등에 임명되었으나 사양하며 나아가지 않았다.

1690년 〈시폐육조소(時幣六條疏)〉를 올려 숙종이 수양이 부족하고 희로(喜怒)가 지나치다고 했다가 삭탈관작(削奪官爵)되었다. 1691년 남인이 집권한 기사환국 때 인현왕후 폐위는 잘못이라는 상소를 올렸고, 1694년 갑술환국으로 인현왕후(仁顯王后)가 복위되고 정비였던 장씨가 희빈으로 강등되자 반대 상소를 올리는 등 당파적인 입장을 떠나 의리로서 일관된 입장을 지켰다. 법천사에 칩거하면서 조정에서 벼슬을 주어도 고사하며 학문에만 열중했다. 그의 명성을 듣고 이잠을 비롯한 많은 선비가 찾아와 가르침을 받고 돌아갔다. 성리설에서 '이기론'과 '사단칠정론'을 분석하여 퇴계 이황 입장을 해명하고 도통을 계승하였다. 저서로는 《우담집》, 《임오록》, 《관규록》, 《변무록》, 《산중일기》가 있다. 원주 도동서원에 배향되었고 묘소는 부론면에 있다. (원주역사박물관 간, 《원주향토인물》 중에서).

그는 효자였고, 농부였고, 벼슬 욕심이 없는 재야학자였다.
《숙종실록》 12년 1월 10일 사관은 이렇게 썼다.

정시한은 광해 때 맨 먼저 영창대군을 죽이자고 계청(啓請)했던 정호관의 손자다. 고매한 기풍과 순박한 기질이 있었으며, 돈독한 효도는 천성에서 우러나온 것이었다. 그의 아버지 정언황은 어질어서 자기 아버지(정호관)의 불미스러움을 가릴 수 있었고, 벼슬이 방백(方伯)에 이르렀는데, 정시한이 은퇴하도록 주선하여 몸소 농사지어 봉양하면서 식성에 맞는 음식을 모두 제공하였다. 산수를 좋아하여 팔방에 두루 다녔는데 어머니가 늙으니 문을 닫고 들어앉아 출입하지 않았다. 오직 소학의 가르침으로 몸을 다스렸고……. 갑술년 이후 여러 번 대간에 임명되었으나 끝내 나가지 않았다.

이익은 묘갈명에서 "학문의 정맥에 거슬러 올라가 이어감으로써《사칠변증》을 저술하니 크게 빛나서 밝았다"라고 했고, 정약용은《방친유사(傍親遺事)》에서 "정구(鄭逑)와 장현광(張顯光) 이후로 진정한 유학자는 오직 선생 한 분뿐이다"라고 칭송했다.

대과에 합격해서 벼슬을 해야 사람 대접받던 시절이었다. 비록 몇 번의 상소로 삭탈관직당했지만, 욕심 없는 자에게는 바람 같은 것이었다. 우담은 다른 자가 벼슬에 목숨 걸 때, 벼슬을 버림으로써 학문하는 기쁨을 누릴 수 있었다.《은둔기계》저자 김홍중은 "은둔은 패권적인 것으로부터 필사적 탈주다. 사회적 격류로부터 한 발 떨어져 생존의 각도를 갖추는 것이다"라고 했다. 삶에 무슨 정답이 있겠는가?

법천사지를 나오니 손곡리 갈림길이다. 손곡리는 지정면 안창리와 더불어 '역사 인물 백화점'이다. 공양왕, 이달, 임경업을 못 본 척 지나치는 건 예의가 아니다. 광해군을 낳고 세 살 때 출산 후유증으로 죽은 공빈 김씨와 천주교 박해사에 등장하는 순교자 최해성도 있지만, 이들은 다음 기회로 미룬다.

손곡리는 손위실(遜位室)이다. 고려 공양왕(1345~1394)은 '나라를 공손하게(?) 물려주고' 태조 1년(1392) 8월 원주로 쫓겨왔다. 1389년 이성계는 고려 우왕과 창왕을 신돈이 낳은 자식이라며 폐위시키고 "왕이 되기 싫다"는 마흔다섯 살

왕요(王瑤, 고려 20대 신종 16대손)를 억지로 임금으로 앉혔다가 3년 만에 '명청하다'는 이유로 폐위시켰다. 공양왕은 이성계 일파가 조선을 건국하기 전, 민심을 살피며 허수아비로 내세웠던 '바지사장'이었다.

배극렴이 상소를 올렸다. "금왕(今王)은 명청하고 어두워 군도(君道)는 사라졌고 인심(人心)이 떠났습니다. 더 이상 사직생령주(社稷生靈主)가 될 수 없으니, 부디 폐(廢)하여 주십시오." 공양왕은 폐위된 후 왕 대비의 교지를 들으며 넋두리했다. 태조 1년(1392) 7월 12일 기록이다. "난[余] 본래 군(君)이 되고 싶지 않았다. 군신이 날 강제로 세운 것이다. 내 성격이 민첩하지 못해 사기(事機)를 알지 못했으니, 어찌 신하의 감정을 알아차릴 수 있었겠는가."

공양왕은 자신이 호랑이 등에 올라탔다는 걸 알고, 어쩔 수 없이 우왕과 창왕의 목을 베면서 살아남기 위해 애를 썼지만 토사구팽(兎死狗烹)당하고 말았다. 공양왕은 두 왕자(왕석, 왕우)와 함께 손곡리로 쫓겨온 후, 가까운 산(배향산, 拜香山)에 올라 향을 피우고 절하며 개경으로 돌아갈 날만 기다렸다.

그런데 어떻게 된 영문인지 얼마 지나지 않아 설악산과 금강산 정기가 뭉쳐 있다는 동해안 간성으로 유배지를 옮겨야 했다. 그곳에서 공양왕이 '간성왕'이라는 별칭을 얻으며 지지를 받자 역모를 우려한 조정은 삼척 근덕 궁촌리(宮村里)로 다시 옮겼다. 궁촌에서도 복위운동 조짐이 보이자, 태조 3년(1394) 3월 14일 조정은 집행관을 보내 공양왕과 두 아들을 죽였다. 《태조실록》은 "삼척 공양군에게 교지를 전하고 그와 두 아들을 교살(絞殺)했다"라고 했다. 삼척 궁촌 사람들은 공양왕이 목 졸려 죽은 고개를 '사래재(殺害峙)'라고 부른다. 현종 3년(1662) 삼척 부사 허목이 쓴 《척주지(陟州誌)》에 기록이 있다.

추라(秋羅 : 삼척 궁촌)에 무덤이 있는데 왕릉이라고 한다. 부노(父老)들은 밭이랑 사이를 가리켜 궁터라고 한다. 그들은 고려 공양왕이 원주에서 추방되어 간성으로 옮기고 태조 3년에 삼척에서 죽었다고 한다. 당시에는 왕이 거처하던 집이 백성의 집과 같았고, 왕이 죽자 장례 또한 이와 같았다. 지금은 그 땅에 산지기 한 사람이 있을 뿐이다.

고양시 덕양구 원당동과 고성군 간성읍에도 공양왕 무덤이 있다. 진짜 무덤은 어디일까? 살아남은 고려 충신들은 태백 쪽으로 달아나다가 다시는 세상에 나오지 않겠다고 다짐하며 고갯마루에 관모와 관복을 벗어 나뭇가지에 걸어놓고 갔다. 태백 삼수령과 삼척 미로 덕항산 사이에 있는 백두대간 고개 건의령(巾依嶺)이다.

손곡리는 허균과 허난설헌의 스승이자 선조 때 삼당시인(三唐詩人)으로 유명한 손곡(蓀谷) 이달(1539~1612)의 고향이다. 영종첨사(영종도 수군첨절제사 종3품) 이수함과 홍주 관기 사이에서 태어났다. 부친의 추천으로 훗날 영의정을 지낸 박순에게 학문을 배웠다. 문장과 시에 능하고 글씨에도 조예가 깊었으나 서얼 출신으로 벼슬은 한리학관(사역원 소속 관리)에 그쳤다. 당시(唐詩)를 잘 지어 선조 때 최경창, 백광훈과 함께 이름을 떨쳤다. 습수요(拾穗謠, 이삭 줍는 아이들의 노래)와 예맥요(刈麥謠, 보리 베는 노래)에서 당쟁과 임진왜란으로 피폐한 시골 풍경을 눈에 보이듯 생생하게 그려냈다. 이쯤 되면 글도 그림 못지않다. 대단한 문재(文才)다.

밭고랑에서 이삭 줍는 시골 아이의 말이 / 온종일 동서로 돌아다녀도 바구니에 차지 않는다네 / 올해에는 벼 베는 사람들도 교묘해져서 / 이삭 하나 남기지 않고 관가 창고

에 바쳤다네. (이삭 줍는 아이들 노래)

　시골집 젊은 아낙이 저녁거리가 없어서 / 빗속에 보리를 베어 수풀 속을 지나 돌아오네 / 생 섶은 습기 머금어 불도 붙지 않고 / 문에 들어서니 어린 딸이 옷을 끌며 우는구나. (보리 베는 노래)

　손곡은 서얼 출신이라는 신분적인 제약을 시문으로 달래며 후손도 없이 73세를 일기로 평양 후미진 봉놋방에서 쓸쓸하게 생을 마쳤다. 묘지는 찾을 수 없고 손곡리에 시비가 서 있다. 손곡은 벼슬은 못 했지만, 문재(文才)는 타고났다. 전국을 두루 다니며 자유로운 삶을 살 수 있었고, 후세에도 이름을 떨칠 수 있었다.

　허균은 《손곡산인전(蓀谷山人傳)》에서 스승에 대해 이렇게 썼다.

　이달은 젊었을 때 읽지 않은 책이 없었다. 일찍이 한리학관(漢吏學官)이 되었지만, 뜻이 맞지 않아 벼슬을 그만두었다. 그 뒤 최경창, 백광훈과 서로 마음이 맞아 함께 시 모임을 만들었다. 이달은 소동파의 시법(詩法)을 본받아 그 진수를 터득했고 한 번 붓을 들면 몇백 편의 시를 썼다. 이달의 시는 맑고 새롭고 청아하고 유려했다. 신라·고려 때부터 당나라 시를 배운 이들도 뛰어넘지 못했다. 이달은 마음이 텅 비어 한계가 없었고 살림살이를 돌보지 않았다. 사방으로 유리걸식(遊離乞食)하며 떠돌아다녀 사람들이 천하게 여겼다. 가난과 곤궁 중에 늙어갔으니 통탄할 노릇이다. 몸은 곤궁했지만, 불후의 명시를 남겼으니 어찌 한 때의 부귀로서 명예를 바꿀 수 있겠는가. 지은 글은 없어져 버렸지만, 어렵사리 수집하여 네 권 책으로 엮어 후세에 전한다.

손곡리에 인물이 많다 보니 인물 열전을 보는 듯하다. 다른 구간에도 인물이 골고루 있었으면 얼마나 좋겠는가? 없는 데는 너무 없고, 있는 데는 이렇게 한 꺼번에 몰려 있다. 답사도 품이 많이 들고 글쓰기도 쉽지 않다. 마치 아리랑 고개를 넘는 기분이다. 이제 임경업 장군을 만나러 가자.

임경업(1594~1646) 장군 추모비가 서 있다. 부친은 임황, 호는 고송(孤松)이다. 출생지를 두고 두 가지 설이 있다. 고문헌은 충주 달천, 평택 임씨 문중과 《원주시사》에는 부론면 손곡리다. 왜 이런 말이 나오는 걸까? 태어난 곳과 자란 곳이 달라서 그런 게 아닐까?

임경업 장군 추모비

임경업은 어려서부터 무예가 뛰어났고 통솔력이 있었으며 대담했다. 임경업은 동네 아이들 사이에서 대장이었다. 여섯 살 때의 일이다. 전쟁놀이를 하고 있던 임경업이 아이들에게 큰 소리로 말했다. "내일은 아침 일찍부터 전쟁놀이를 할 것이다. 만일 빠지는 놈이 있으면 목을 베고 말겠다." 다음 날 동네 아이 중 한 명이 나오지 않았다. 임경업은 아이를 붙잡아 오게 한 후, 칼 대신 가지고 다니던 낫으로 목을 내리쳤다. 아이가 죽자 동네에서 난리가 났다. 부모는 할 수 없이 아이를 데리고 야밤을 틈타 충주 달천으로 도주하였다고 한다. (《원주시사(原州市史)》중에서)

임경업은 스물다섯 살 때 동생 임사업과 함께 무과에 급제하였다. 1624년(인조 2년) '이괄의 난' 때 공을 세워 진무원종일등공신(振武原從一等功臣)이 되었다. 1627년 전라도 낙안군수로 있을 때 후금이 쳐들어오자(정묘호란) 좌영장(左營將)으로, 한양으로 진군하여 강화도까지 갔으나 인조가 항복하여 한 번도 싸워보지도 못하고 낙안으로 되돌아왔다.

1634년(인조 12년) 의주 부윤으로 있을 때 백마산성과 의주산성을 지키기 위해 조정에 도움을 청하여 은 1,000냥과 비단 100필을 받았다. 이를 밑천으로 명과 교역하여 물자를 확보했으나 지나친 이익을 추구했다는 모함을 받고 파직되었다. 2년 후 도원수 김자점이 임경업의 무고(誣告)를 주장하여 의주 부윤으로 복직되었다.

병자호란 때 백마산성에서 청의 진로를 차단하고 일전을 기다렸으나, 청은 임경업의 용맹을 알고 백마산성을 돌아 한양으로 곧장 진격하였다. 임경업은 압록강에서 철수하는 청군 배후를 공격하여 기병 약 300명을 죽이고 포로로 끌려가던 양민 100여 명을 구출하였다. 그 후 청이 명을 치기 위해 병력을 요청하자, 수군장으로 참전하였으나, 명과 내통하여 피해를 줄였다. 이후 조방장으로 청군 지원에 다시 동원되었으나, 명과 내통하여 전투를 피했다. 1640년 청의 요청으로 조선 수군대장으로 출병하였으나 명과 내통하여 군사기밀을 알려주고 청에 협조하지 않았다.

화가 난 청은 1642년 임경업을 심양으로 압송했다. 그는 체포되어 가던 중 심기원의 도움으로 금교역에서 탈출했다. 청은 보복에 나섰다. 임경업 가족을 심양으로 압송했다. 부인 전주이씨는 "임경업은 명의 충신이요, 나는 충신의 부인이다. 오랑캐에게 수치를 당하며 주인의 충절을 더럽힐 수 없다"라고 하며 심양 감옥에서 자결하였다.

임경업은 탈출 후 승려로 위장하고 양주 회암사에 숨어있다가 1643년 마포 나루에서 서해를 건너 명으로 망명하여, 등주 도독 황종예가 거느린 군사 마등 고 휘하 장수가 되었다. 1645년 청이 북경을 점령하자, 직속 상관 황종예는 남 경으로 도망가고, 마등고는 청에 투항하였다. 임경업도 체포되어 북경 감옥에 갇히게 되었다. 청 태종은 그의 용맹과 충절을 높이 사 귀화를 권유했다. 임경 업은 "내 목이 잘리는 한이 있어도 오랑캐처럼 머리를 깎을 수는 없다"고 하며 단호하게 거부했다.

한편, 조선조정은 병자호란의 여파로 친청 세력과 친명 세력으로 나뉘어 싸 우고 있었다. 친명 세력 좌의정 심기원은 역모를 꾸며 새 임금을 추대하려 하였 다. 쿠데타가 발각되고 수사 총책임자로 친청 세력 김자점이 임명되었다. 김자 점은 임경업이 의주 부윤으로 있을 때 명과 교역하면서 무고(誣告)로 파직되자 인조에게 간청해 복직시켜준 은인이었다. 김자점은 자신이 살기 위해 임경업을 내치기로 작정했다.

과거에 임경업을 도와주고 명나라 망명에 도움을 준 사실이 드러날까 두려웠 던 것이다. 김자점은 임경업이 심기원 역모에 가담했다고 꾸몄다. '역모'는 죽 음을 뜻했다. 1646년 인조는 청에 임경업 송환을 요청했다. 임경업이 붙잡혀왔 다. 인조가 물었다. "경업아, 왜 역모를 꾸몄느냐?" 임경업이 말했다. "전하, 나 라가 아직 오랑캐 발아래 있고, 신이 해야 할 일이 많은데 어찌 죽이려 하십니 까?" 임금은 임경업을 아껴 다시 옥에 가두라고 했지만, 김자점은 형리에게 밀

명을 내려 장살(杖殺)하였다.

《인조실록》 24년(1646) 6월 17일 기록이다. 임금이 이르기를 "경업이 역모인
줄 모르는 상황에서 역적 심기원이 단독으로 꾸민 것이라면 경업에게 무슨 잘
못이 있겠는가?"라고 물었다. 도승지 이시해가 임금 앞에 나아가 "경업이 이미
죽었습니다"라고 했다. 임금이 놀라서 말하기를 "경업이 죽었단 말이냐. 그가
역적이 아님을 밝혀 내가 그에게 알려주려 했는데 틀렸구나. 그렇게 제법 장대
하고 실하게 보이더니 어찌 이렇게도 빨리 죽었다는 말이냐. 그는 담력이 커 국
가가 믿고 의지할 만했는데, 도리어 흉악한 무리의 꾐에 빠져 헛되이 죽고 말았
으니 애석할 뿐이다"라고 하였다.

인조는 명·청 교체기에 중립외교로 돌파구를 찾으려 했던 광해군과 달리 친
명정책으로 일관하다 정묘호란(1627)과 병자호란(1636)을 불러왔다. 조정은 전
란 후에도 정신을 못 차리고 친명파와 친청파로 나뉘어 싸우고 있었다. 청나라
는 뜨는 별, 명나라는 지는 별이었다. 변방의 장수가 변화하는 국제정세와 조
정 분위기를 파악하여 줄타기 처세를 한다는 건 불가능했다. 이건 지금도 그렇
다. 명령에 죽고 명령에 사는 장수가 아닌가.

임경업은 무능한 임금과 친청파 김자점에 의해 희생된 비운의 장수였다. 달
도 차면 기우는 법. 인조가 죽고, 청에 볼모로 끌려갔던 효종(봉림대군)이 왕위에
올랐다. 김자점은 효종의 북벌계획을 청나라 앞잡이 역관 정명수에게 고자질하
다 유배되었고, 임경업은 영웅으로 떠올랐다. 1697년(숙종 23년) 복관(復官)되었
고 충주 충렬사에 배향되었다. '역사는 수레바퀴처럼 돌고 도는데, 우리는 역사
에서 무엇을 배울 것인가?' 오스트리아 작가 슈테판 츠바이크의 말이다.

거돈사터 삼층석탑 원공국사 탑비

손곡리를 나와 거돈사지로 향했다. 비포장 길이 이어진다. 법천사와 거돈사 스님이 바랑 매고 도란도란 넘던 천년 수행길이다. 켜켜이 쌓인 낙엽이 푹푹 빠진다. 곁에 있던 신선생은 "비 오는 날 승용차로 이 길을 넘다가 포기하고 되돌아갔다"고 했다. 차라리 우산을 쓰고 천천히 걸었더라면 분위기가 났을 텐데……

숯가마골 지나 고개를 넘자 현계산(535m)에 둘러싸인 '야외무대'가 나타난다. 원주가 자랑하는 3대 폐사지 거돈사지다. 유홍준은 《나의 문화유산답사기 8(남한강편)》에서 "탑이 있으므로 해서 사람의 마음을 차분하고 편안하게 만들어주며 폐사지의 쓸쓸한 분위기를 차라리 애잔한 아름다움으로 승화시킨다"고 했고, 이애주 교수는 "달밤에 여기에서 춤 한 번 춰 보고 싶다"고 했다.

거돈사는 9세기경 지었다. 고려 초기, 왕실의 지원을 받아 중창하면서 큰 절의 면모를 갖추었고, 조선 전기까지 유지되다가 임진왜란 때 불탄 것으로 추정된다. 절터에는 중문과 탑, 금당, 강당, 승방, 화랑이 있고, 삼층석탑 뒤에 금당이 있다. 금당터에는 불상을 모셨던 큰 받침대가 있으며, 금당을 중심으로 건물 배치가 이루어졌다. 전면 5칸, 측면 3칸, 2층 건물로 추정된다. 고려 초기법안종 사찰로 있다가 고려 중기 천태종에 흡수되었다. 1989년부터 1992년까지 한림대 박물관에서 발굴하여 사적 제168호로 지정되었다.

텅 빈 절터에서 '텅 빈 충만'이 느껴진다. 거돈사(居頓寺)의 본래 이름은 안락사(安樂寺)였다. '안락'은 불교에서 극락을 뜻한다. 극락세계에 사는 듯 편안하게 살기를 기원하는 뜻이 담겨있다. 왜 '거돈사'로 바꾸었을까? 신라 하대에 들어서자 곳곳에서 민란이 일어나고 백성이 동요하기 시작했다. 머무를 '거(居)'와 머리 조아릴 '돈(頓)' 자가 보여주듯이 신라 왕실은 한시가 급했다.

왕실과 선종의 가교역할을 하던 경문왕 누이 단의장(端儀長) 옹주(翁主)가 팔을 걷어붙이고 나섰다. '미래에 성불할 큰 스님(當來佛)'이며, 희양산 봉암사 창건자였던 도헌(824~882)을 자신의 봉읍(封邑)이 있던 현계산 안락사로 보냈다. 도헌은 절 이름을 바꾸며 민심 교화를 시도했으나, 한 번 떠난 민심은 돌아오지 않았다. 도헌은 882년(헌강왕 8년) 12월 18일 거돈사에서 저녁 공양을 마치고 제자들과 앉아서 얘기하던 중 가부좌를 튼 채로 입적했다.

거돈사는 고려건국 세력에게 홀대받다가 현종 때 교선일치를 내세우며 법상종을 주창했던 원공국사(930~1018) 지종이 하산하면서 왕실의 지원을 받게 된다. 전 원주역사박물관장 이동진은 원주얼교육관 인문학 강좌 '흥원창과 원주 3대 사찰지'에서 "왕사와 국사의 은퇴와 하산소(下山所) 지정은 사찰이 있는 지역을 국왕의 권위 안으로 편입하려는 의도가 숨어있고, 하산소로 지정된 절은 대규모 중창이 진행되었다"라고 했다. 고승의 하산과 중창 불사는 국왕이 호족과 백성에게 보내는 정치적인 메시지였다.

원공국사가 누군가? 탑비에 생애가 적혀 있다. 보통 사람은 읽기도 어렵고, 마음먹고 읽다가 지쳐서 포기하고 만다. 금석학의 태두 청명(青溟) 임창순 선생이 요약하여 안내판을 세웠다. 나는 안내문을 또 요약했다. 안내문을 중고생도 이해하기 쉽게 고쳐 쓸 수는 없을까?

대사의 성은 이씨, 이름은 지종(智宗), 자는 신측(神則), 본관은 전주다. 8살 때 사라사 홍범삼장한테 머리를 깎고 중이 되었다. 광종 4년(953) 희양산 혜초한테 배우고 24세 때 승과에 합격했다. 29살 때 당나라로 유학을 떠났다가, 40세 때 귀국하여 임금의 총애를 받으며 왕사에 이르렀다. 법호만 해도 10여 개나 되었다. 87세 때 하산하라고 권했으나, "내가 개경에 머무는 것은 내 이익 때문이 아니라 다른 사람들을 위한 것이다"라고 고집을 부릴 정도로 일 욕심(?)이 많던 승려였다. 현종 9년(1018) 4월 17일 현계산 거돈사로 하산하여 그달 25일 89세를 일기로 입적하였다. 현종은 지종을 국사로 추증하고 시호를 원공, 탑 이름을 승묘라 하였다. 탑비는 7년 후인 1025년 세웠다.

고려 때는 스님도 높은 자리에 올라가려면 고시(?)에 합격해야 했다. 제4대 광종(925~975)은 과거제도를 만들면서 승과(僧科)도 함께 만들었다. 과거시험이 지방호족을 끌어들이려는 장치였다면 승과는 불교 세력에 대한 통제 수단이었다. 승과에는 교종과 선종 시험이 있었다. 승과 합격자는 교·선종 구별 없이 대선(大禪) 품계가 주어졌다. 이어서 대덕, 대사, 중대사, 삼중대사까지는 교·

선종 모두 품계가 같고, 이후 선종은 선사와 대선사, 교종은 수좌(首座), 승통(僧統)까지 올랐다. 대선사나 승통이 되면 왕사와 국사가 되는 자격이 주어졌다. 왕사나 국사가 되면 대궐에서 열리는 회의에 참석할 수 있었다. 원주의 3대 폐사지로 하산했던 승려는 모두 왕사나 국사였다. 이것만 보아도 고려 왕실이 원주를 얼마나 중시했는지 알 수 있다. 고려시대 원주는 불교의 중심지였다.

거돈사지 동남쪽에 원공국사승묘탑비(圓空國師勝妙塔碑, 원공국사 탑비로 개칭)가 서 있다. '원공'은 사후 임금이 내린 시호고, 국사는 승려 계급, '승묘'는 탑비의 이름이다. 이런 명칭 때문에 역사가 어렵게 느껴진다. 승탑은 고승의 비석(부도)이요, 탑비는 생애를 기록한 일대기라고 할 수 있다.

거돈사지 북서쪽에 있는 승탑은 2007년 실물 크기로 만든 재현품이다. 민족항일기인 1911년 일본인 와다(和田)가 한양으로 가져갔으나 1948년 되돌려 받아 현재 국립중앙박물관에 보관되어 있다. 탑비는 고려 현종 16년(1025)에 세웠다. 비문은 최충이 지었고, 글씨는 김거웅이 썼다. 고려시대 돌에 새긴 글씨체 중에서 가장 뛰어나다는 평가를 받는다. 받침돌의 머리는 용이요, 등 무늬는 정육각형이다. 卍 모양과 연꽃무늬가 새겨져 있다. 머릿돌은 구름 속에서 용이 불꽃에 싸인 여의주를 다투는 모양이다. 탑비는 원래 북쪽 언덕 승탑 옆에 있었으나 옮겨왔다.

폐교(1995)된 정산분교다. 운동장에 당간지주(9.6m)가 누워있다. 어쩌다가 이렇게 되었을까? 옛날에 남매 장사가 당간지주를 옮기다가 한 개만 갖다 놓고 남동생이 죽는 바람에 한 개는 옮기지 못했다고 한다. 현계산 동남쪽에 있다는 말이 있지만 보았다는 자가 없다. 당간지주가 짝을 찾아 제자리에 세워지는 날은 언제일까? 학교에서는 거돈사지 기념관 설치 공사가 한창이다. 폐사지가 관광지가 되는 세상이다.

빨간 산수유가 주렁주렁 달려있다. 열매를 따서 봉지에 넣었다. 신선생은 "차로 끓여 먹으면 몸이 따뜻해지고 감기도 안 걸린다"고 하며 몇 줌 따서 넣어준다. 손길에서 따스한 마음이 전해진다. 숲길을 휘휘 돌아 고즈넉한 고갯길을 넘자 작실마을이다. '작실(作室)' 이름이 참 예쁘다. 골짜기 물이 내려와 마을 어귀에 자갈을 쌓아놓았다는 뜻이다. 신선생은 꽃에 관심이 많다. 국화 옆에 쪼그리고 앉아 깊이 들여다보면서, "나는 초등학교 3학년 때까지 시골에서 농사 짓는 걸 보고 자랐다. 그때 경험이 서울 살면서 시골 사람을 이해하고 꽃과 나무를 아는 데 많은 도움이 되었다"고 했다. 어릴 때 경험은 평생 간다. 좋은 경험이 좋은 사람을 만든다.

도로 따라 내려가자 단강리다. '단강(丹江)'은 '붉은 강'이다. 마을 옆이 남한강이다. 홍수가 나면 붉은 물이 넘쳤지만 이젠 충주댐이 생겨서 걱정 없다. 폐교된 부론초등학교 단강분교다. 1933년 9월 1일 흥호공립보통학교 단강 간이학교로 문을 열었고, 2007년 3월 1일 문을 닫았다. 운동장에서 뛰어놀던 아이들 목소리가 들리는 듯하다. 세종대왕과 책 읽는 소녀상이 빛바랜 채 남아있다. 교실 앞 700년 느티나무는 단종이 유배 길에 쉬어갔다는 이야기가 전해온다. 단강리의 단정(端亭, 끝 정자) 마을 지명도 여기에서 유래했다.

세조 3년(1457) 6월 21일 단종은, 첨지중추원사(정3품 당상관) 어득해(~1467, 수양대군 쿠데타에 가담했던 원종공신)와 나졸 50명의 호송을 받으며 700리 유배길에 올랐다. 《조선왕조실록》 그날의 기록을 보자. 사관이 서슬 퍼런 쿠데타 세력의 눈치를 보는 듯한 느낌이 들지만, 단종이 유배 떠나는 과정이 그려져 있다. 왕방연은 당시 종5품으로 나졸 50명에 포함된 게 아닌가 싶다.

종친과 백관들이 합사(合辭)하여 말하기를, "상왕(단종)도 종사(宗社)에 죄를 지었으니, 편안히 서울에 거주하는 것은 마땅하지 않습니다" 하고, 여러 달 동안 청하여 마지 않았으나, 내가 윤허(允許)하지 아니하고 처음에 먹은 마음을 지키려고 하였다. 그러나 인심이 안정되지 아니하고 계속 잇달아 난을 선동하는 무리가 그치지 않으니, 내가 어찌 사사로운 은의(恩誼)로써 나라의 큰 법을 굽혀 하늘의 명과 종사의 중함을 돌아보지 않을 수 있겠는가? 이에 "상왕을 노산군(魯山君)으로 강봉(降封)하고 궁에서 내보내 영월에 거주시키니, 의식을 후하게 봉공하여 종시 목숨을 보전하여서 나라의 민심을 안정시키도록 하라. 오로지 너희 의정부에서 중외(中外)에 효유(曉諭)하라" 하고, 첨지중추원사(僉知中樞院事) 어득해(魚得海)에게 명하여 군사 50명을 거느리고 호송하게 하였다. 군자감정(軍資監正) 김자행(金自行), 판내시부사(判內侍府事) 홍득경(洪得敬)이 따라갔다.

단종은 청계천 영도교를 지나 뚝섬 근처 살곶이 다리와 세종 별장이 있던 화양정을 거쳐 광나루에 닿았다. 이곳에서 배를 타고 흥원창에서 내려 단강리에 이르렀다.

뙤약볕이 훅훅 내리쬐는 한낮, 단종이 느티나무 밑에서 쉬고 있다는 소문을 듣고 마을 사람들이 하나둘씩 모여들었다. 나졸이 막아섰지만, 물 한 바가지 떠다 주는 노파의 인정까지 말릴 수 없었다.

물을 마신 단종은 노파에게 정중히 목례를 하고 총총히 떠나갔다. 단종은 배재와 싸리치를 넘어 영월 청령포로 향했다. 왜 육로가 아닌 수로를 택했을까?

단강초등학교 느티나무. 단종은 갔어도 느티나무는 남아서 묵언으로 그날의 모습을 전해 주고 있다.

세조와 쿠데타 세력이 민심의 동요를 우려하여 백성과 접촉을 줄일 수 있는 남한강 길을 택했던 게 아닐까?

단강분교를 나와 충주시 소태면과 원주시 부론면을 잇는 덕은교를 지나자 미덕슈퍼다. 미덕슈퍼는 굽이길이 생기면서 널리 알려지게 된 조그마한 구멍가게다. 시내버스 타기가 만만치 않다. 문을 열고 들어갔다. 주인은 "코로나 때문에 시내버스는 안 온 지 오래되었고 마을버스도 언제 올지 모른다"고 했다. 귀래까지는 십 리다. 걸어갈까 말까 망설이다 도로로 나가 무조건 손을 흔들었다. 순간 끼익! 하면서 흰색 프라이드가 섰다. 뛰어갔다. 작실마을 사는 여든세 살 김용기 옹이다. 얼마나 빨리 달리는지 조수석에 앉았는데 오른쪽 발에 절로 힘이 들어간다. "강릉 김씨 대빵"이라고 자랑하는 그에게 신선생이 차비를 드렸더니 눈을 동그랗게 뜨고 바라본다. 세상살이가 팍팍해도 원주에는 아직 이런 인심이 남아있다.

천년 사직을 어찌
하루아침에 넘겨주려 하십니까?

당신은 우리나라 왕 이름을 몇 명이나 아는가? 고백하건대 나는 태정태세문단세로 시작하는 조선의 왕과 국사시험에 자주 나오는 몇몇 왕을 빼놓고는 관심조차 없었다. 외우고 있던 왕 이름도 시험이 끝나면 곧 잊어버렸다. 그나마 또렷이 기억나는 건 신라 경순왕이다. 국사 선생님이 마의태자 이야기를 재미있게 들려주었기 때문이다. 외우라면 못 외워도 이야기는 오래간다. 고려 마

신라 마지막 경순왕 어진(御眞)

지막 공양왕은 부론 손곡리와 인연이 있고 신라 마지막 경순왕은 귀래와 인연이 깊다. 미륵산에는 천년 사직을 넘겨주고 나라 잃은 설움을 달래었던 경순왕의 흔적이 곳곳에 남아있다.

오늘은 하부론을 출발해 용화사와 주포리를 지나고 미륵산 경천묘를 스쳐 귀래면행정복지센터에 이르는 '부귀영화길'이다. 교통편이 여의치 않다. 귀래에서 다시 하부론 가는 버스를 갈아타려면 새벽밥을 먹어야 한다. 무슨 대단한 일을 하는 것도 아닌데 아침 일찍 일어나 달걀과 고구마를 삶고 간식거리를 싸 주는 아내가 고맙기만 하다. 시내버스 손님은 세 명이다. 버스는 어둑어둑한 봄 안개를 헤치고 국도를 씽씽 달려 미덕슈퍼에 나를 내려놓고 단강으로 달려갔다.

대한(大寒)이 지나자 봄 내음이 물씬하다. 갯가 얼음 녹는 물소리도 명랑하다. 봄 안개에 젖은 마을 적막을 깨는 스피커 소리가 울려 퍼진다. "에에, 또오오, 으흠, 으흠. 아아…… . 단강2리 주민 여러분께 알려드립니다. 마을회관에 비치했으니 신청해 주시기 바랍니다." 마이크를 잡은 이장 목소리에서 우사(牛舍) 냄새가 묻어난다. 멍멍멍, 꼬꼬댁 꼬꼬꼬, 음머어어~. 농촌 새벽은 소리로 충만하다. 고추밭에서 지력 강화용 계분(닭똥) 냄새가 풍겨온다.

17번 국도는 부귀로다. '부귀'는 부론과 귀래의 첫 글자다. 굽이길 이름도 '부귀영화'이다. 부귀영화길이라! 길은 이름만 들어도 풍경이 떠올라야 하는데, 이미지가 떠오르지 않는다. 이름은 브랜드요, 정체성이다. 누가 '거기 뭐 특별한 게 있나?'라고 물었을 때 뭔가 내놓을 게 있어야 한다. 그게 바로 스토리다. 교통편, 먹거리, 숙박지는 하드웨어다. 하드웨어는 들인 돈에 비해 얻는 게 적다. 다른 길과 차별화도 되지 않는다. 소프트웨어, 즉 스토리로 승부를 걸어야 한다.

세포마을이다. 고추대와 비닐을 걷어내고 파종 준비가 한창이다. 고추밭이 기지개를 켜고 있다.

귀래면 용암1리 경로당이다. 창고 벽에 태극기를 들고 환하게 웃으며 서 있는 어린이 모습이 그려져 있다. 길 따라 태극기 행렬이 이어진다. 2002 월드컵 때 광화문과 경기장에서 펼쳐지던 대형 태극기 물결을 생각하면 가슴이 벅차다. 한 번 뭉쳤다 하면 저력을 발휘하는 대한민국 국민이다. 용암동막길이 이어진다. 용암리에는 능안골 용암곡수(龍巖曲水)와 용바위가 유명하다. 골짜기 따라 올라가면 30척 용암이 있다.

고갯마루에 올라서자 아침 햇살이 부채처럼 펼쳐진다. 햇살 따라 새떼가 난다. 봄은 냄새로 오고 소리로 오고 색깔로 온다. 안개가 물러가자 산은 나신(裸身)으로 명징하다. 길 건너 미륵산이 용화사를 품고 있다.

용암2리 능안골 표지석을 보며 용화사로 향했다. 절 입구에서 누렁이 두 마리가 꼬리를 흔들며 낑낑댄다. 부처는 개에게도 불성이 있다고 했다. 용화사는 '용암사'였다가 이름을 바꿨다. 소림사 방장 출신 석연화 스님이 주지로 있다. 스님은 선종 시조 달마대사의 34대 제자이며, 중국 숭산(嵩山)소림사 한국지사장이다. 대웅전이다. 마스크 쓴 고승 동상 위로 법(法), 불(佛), 승(僧) 세 글자가 선명하다. 용화사는 불상이 숲을 이루는 불림(佛林)이다. 수십 년에서 1,600년 된 불상까지 2만여 개가 있다. 무질서한 듯 보여도 음양과 강약 동서남북을 고려하여 질서 있게 배치했다고 한다.

용화사가 유명해진 건 '소원을 들어주는 신비의 돌할머니' 덕분이다. 할미당 돌할머니는 180여 년 전 진도 바닷가 신당(神堂)에 있던 토속신이다. 일명 '칠성할머니'다. 1996년 12월 30일 용화사로 모셔왔다. 누구든지 7일간 지극정성으로 기도하면 기도를 들어준다고 한다. 조사전에 소림사 달마대사 상과 육조 혜능선사 등신불 사진도 있다. 소림사(小林寺) 하면 이소룡이 생각난다. 이소룡(1940~1973, 리샤오룽)이 누군가? '용쟁호투', '정무문' 등 중국 무술영화로 스타덤에 올랐던 영화배우다. 1970년대 청소년에게는 요즘 BTS 못지않은 글로벌 스타였다. 소림사에서 무술을 연마하던 스님 모습도 떠오른다.

절 문을 나서자 계곡 물소리가 청량하다. 용돈길 새말 밭에 허수아비가 서 있다. 빨간 모자에 주황색 상의다. 모자에 글씨가 새겨져있다. '독도를 지키고 대마도를 찾자'. 예사 농부가 아니다. 농부는 2001년부터 '월천장학회'를 운영하고 있는 김동섭(81세)이다. 서울에서 30여 년 목회 활동을 하다 2011년 귀래면

허수아비 주인공은?

용암리 신촌마을로 귀향했다. 천여 명 후원자에게 매월 1천 원씩 기부금을 받아, 2001년부터 중고생과 탈북청소년 등 60~80명에게 장학금을 주고 있다. 독도 탐방, 3·1절 독도기념식을 개최하는 등 나라 사랑 독도 사랑 운동에 앞장서고 있다고 한다.

농가 굴뚝 위로 하얀 연기가 길게 이어진다. 군불 때던 아궁이가 생각난다. 마음이 훈훈해진다. 함박눈이 펑펑 쏟아지는 밤, 다락에서 홍시를 꺼내먹으며 아랫목에 옹기종기 모여앉아 이야기를 나누던 그 시절이 생각난다. 풍경은 추억을 부르는 마법사다.

용암2리 신촌이다. 고개를 넘자 가축분뇨 냄새가 코를 찌른다. 닭 사육 농장이다. 사육장 밖으로 꼬꼬 소리가 새어 나온다. 닭을 키워 달걀을 얻고, 닭똥은 과수원 비료, 육질은 닭고기와 장조림으로 활용하는 닭 종합 공장이다.

굴뚝 연기를 보며 고향 집 아궁이와 물이 펄펄 끓는 무쇠솥이 떠오른다면 당신은 시인이다.

닭은 볕이 안 드는 좁은 울타리에 갇혀서 먹고 싸고 죽어간다. 고기를 덜 먹을 수는 없는 걸까? 미국 경제학자 제레미 리프킨은 《육식의 종말》에서 "지구상에 존재하는 12억 8,000만 마리 소는 토지의 24%를 차지하고 생산된 곡물의 3분의 1을 소비한다. 인간이 소를 먹는 게 아니라 소가 인간을 먹고 있는 셈이다. 축산단지는 생태계를 파괴하고 경작지를 사막화한다. 육식을 끊는 행위는 자연을 회복시키는 생태적 르네상스의 시발점이다"라고 했다. 육식을 줄이고 채식 위주로 식단을 짜보자. 소식(小食)과 채식은 최고의 건강식이다.

용화사, 부론, 귀래 삼거리다. 냇가에 두루미가 앉아있다. 멀리서 긴장하고 있다가 가까이 가자 빠르게 솟구친다. 두루미에게 자연은 전쟁터다. 사주경계에 생사가 달려있다. 삶은 언제나 생방송이다.

주포리 마을회관이다. 다리를 건너자 충주시 소태면 야촌마을이다. 다리 하나 사이로 강원과 충북이 나뉜다. 곧게 뻗은 둑길 따라 침묵 보행이다.

홀로 걸으면 이따금 외롭다. 시인 정호승도 "울지 마라 / 외로우니까 사람이다 / 살아간다는 것은 외로움을 견디는 일이다 / 눈이 오면 눈길을 걸어가고 / 비가 오면 빗길을 걸어가라 / 가끔은 하느님도 외로워서 눈물을 흘리신다"고 했다. 외로움은 어쩔 수 없다. 외로움은 인간의 숙명이다.

굽이길은 직진이지만 왼쪽 야촌교를 건너면 신라 경순왕 영정을 모신 미륵산 경천묘(敬天廟)다. 묘는 묘지가 아니라 영정을 모신 영정각(影幀閣)이다. 주인공은 신라 천년 사직을 고려 태조에게 넘겨준 제56대 경순왕이다. 경순왕(재위 927~935)은 왕이 되고 싶어 된 게 아니라 얼떨결에 왕이 되었다. 모든 왕은 시대의 산물이다.

신라는 선덕여왕 이후 하대에 들어서면서 서서히 망가지고 있었다. 제53대 진성여왕 때에 이르자 곳곳에서 반란이 일어나고 후고구려와 후백제가 위세를 떨치기 시작했다. 호족들은 눈치를 보면서 왕건이나 견훤 쪽에 줄을 서기 시작했다. 신라는 자기 몸 하나도 건사할 힘이 없었다. 제55대 경애왕은 왕건 쪽에 줄을 섰다. 가만히 두고만 보고 있을 견훤이 아니었다.

927년 견훤은 신라 수도 서라벌로 쳐들어왔다. 견훤은 무자비했다. 포석정에서 경애왕을 자진케 하고, 왕비를 능욕한 후 경순왕을 '바지사장'으로 내세웠다. 《삼국사기》(신라본기 경애왕 4년)는 당시 상황을 이렇게 묘사했다. "견훤은 왕비를 강간했고, 부하들이 비와 첩을 간음토록 내버려 두었다. 포로가 된 자는 땅을 기면서 노비가 되기를 빌었으나 화를 면치 못했다." 전쟁의 참혹함에 몸서리쳐진다. 부국강병을 소홀히 하고 백성을 돌보지 않은 결과다. 나라가 힘이 없으면 어떻게 되는지 역사는 보여주고 있다.

견훤은 왜 스스로 신라왕이 되지 않고 경순왕을 내세웠을까? '썩어도 준치'라고 그래도 천년 신라가 아닌가? 견훤은 신라 백성의 민심이 안정될 때까지 시간이 필요했다. 신라를 지원하는 왕건도 의식하지 않을 수 없었다. 그러나 이것은 오판이었다. 자기가 임명한 경순왕이 사고를 쳤다. 바지사장이라고 믿었던 경순왕이 뒤통수를 친 것이다. 경순왕은 '어버이 같은' 왕건과 '승냥이 같은' 견훤 사이에서 고민하다가 935년 10월 왕건에게 나라를 넘기기로 결정했다. 이번에는 철석같이 믿었던 아들, 딸이 들고 일어났다.

맏아들 마의태자는 "나라의 존망에는 반드시 천명이 있으니 오직 충신과 의사와 더불어 민심을 수습하여 스스로 굳게 하다가 힘이 다한 후에 포기해도 될

터인데, 어찌 천년 사직을 하루아침에 넘겨주려고 하십니까?"라고 하며 끝까지 항전을 주장했다. 경순왕은 강고했다. 백성을 생각했다. "작고 위태로움이 이와 같아 형세가 나라를 보전할 수 없다. 이미 강해질 수도 없고 더 이상 약해질 수도 없다. 죄 없는 백성들의 간과 뇌수(腦髓)가 땅에 쏟아지는 일은 차마 할 수가 없다"고 하며 "시랑 김봉휴로 하여금 국서를 가지고 태조(고려)에게 귀부(歸附)토록" 명했다.

마의태자는 어머니 죽방 왕후, 여동생 덕주 공주와 함께 한 무리 군사를 이끌고 금강산으로 향했다. 마의태자는 계립령(문경 관음리~충주 미륵리)을 넘던 중 미륵리에 머물며 미륵여래 입상을 세웠고, 덕주 공주는 월악산 덕주사에 머물며 마애불상을 세워 신라 재건을 기원했다.

마의태자는 인제에서 신라 재건을 시도한 듯하다. 인제 곳곳에 흔적이 남아 있다. 군량미를 보관했다는 군량동, 김부대왕각이 있는 김부리(金富는 경순왕 이름인 金傅와 한자 표기가 다르다. 마의태자 이름은 김일(金鎰)이며, 鎰은 향찰식 표기법에 따르면 溢과 발음이 같고 溢은 넉넉할 부(富)와 뜻이 같다. 민초들이 고려 왕실을 의식하여 김일을 김부라고 적지 않았을까?), 옥새를 숨긴 옥새바위, 태자가 수레를 타고 넘었다는 행차고개, 충신 맹장군 묘가 있는 맹개골, 군사들이 결의로 손가락을 잘랐다는 단지골, 국권 회복을 뜻하는 다무리 등이 있다. 김부대왕각 안에는 '신라경순대왕김공일지신' 위패가 있으며 매년 음력 5월 5일과 9월 9일 동네 제사를 지내며 제사상에는 마의태자가 좋아했다는 미나리와 취떡을 올리고 있다. 마의태자가 신라 국권 회복을 노리며 신라멸망(935) 후 35년까지 설악산 한계산성에 머물렀던 흔적도 남아있다. 설악산을 떠난 마의태자는 금강산이 아니라 만주로 진출해 여진족을 정복하고 금나라와 청나라를 세우게 되었다는 설도 있다

(〈KBS〉역사스페셜, 홍인희, 《우리 산하에 인문학을 입히다 3권》 등 참조).

나는 1990년대를 인제에서 보내면서 신라 부흥군이 주둔했다는 갑둔리부터 군량동, 다물리, 한계산성까지 마의태자 유적지를 둘러본 적이 있다. 30년 후 귀래(歸來)에서 경순왕 사당을 만나고 이렇게 글까지 쓰게 될지 누가 알았겠는가? 지나고 보면 무의미한 경험은 없다.

김부식은 《삼국사기》에서 마의태자의 최후를 이렇게 썼다.

왕자(마의태자)가 통곡하며 왕을 이별하고 개골산으로 들어가 바위 밑에 집을 짓고 삼베옷을 입고 풀을 뜯어 먹으며 일생을 마쳤다.

경순왕은 문무백관을 이끌고 개경으로 향했다.

인제 마의태자 유적비

935년 11월 경순왕이 개경에 도착하자 태조 왕건은 환대했다. 《삼국유사》(제2권 김부대왕편)를 살펴보자. "경순왕이 여러 신하를 거느리고 태조에게 귀순했다. 향거(香車)와 보마(寶馬)가 30여 리에 뻗쳤고 길은 사람으로 꽉 차서 막혔으며, 구경꾼이 담처럼 늘어섰다. 태조는 교외로 나가 영접하여 위로하고 대궐 동쪽 한 구역을 주고 장녀(셋째 신명 순성왕후 유씨가 낳은) 낙랑 공주를 경순왕과 혼인시켰다. 이어서 정승으로 봉한 후, 자리는 태자보다 높게 하였고 녹봉으로 천석을 주었다. 시종과 관원,

경기도 연천 경순왕릉

장수도 모두 받아들여 채용하였다. 신라를 경주로 고치고 왕에게 식읍으로 주었다."

이어서 태조는 경순왕을 사심관(개경에 있으면서 지역 책임을 맡은 관리)에 봉했고 아홉째 딸도 후궁으로 주었다. 2년 후인 937년(태조 20년) 경순왕은 신라 26대 진평왕이 차던 허리띠 성제대(聖帝帶)를 왕건에게 바쳤다. 성제대는 장육금상(丈六金像), 황룡사 9층 탑과 함께 신라 3대 보물로 손꼽히던 것이다.

김부식은 《삼국사기》에서 경순왕의 처신에 대해 이렇게 평했다. "왕이 마지못해 귀순했지만 칭찬할 만하다. 만약 결사적으로 지키려 했다면 종실은 엎어지고 그 해악이 죄 없는 백성에게 미쳤을 것이다." 싸울 것인가? 아니면 항복

할 것인가? 1626년 병자호란 당시 남한산성 안에서 벌어졌던 주전파와 주화파 논쟁이 떠오른다. 우리는 왜 역사에서 배우지 못하고 같은 실패를 되풀이하는 걸까?

신라를 고려에 넘겨준 후 경순왕은 개경을 떠나 전국을 떠돌며 망국의 한을 달랬다. 경순왕의 마음이 꽂힌 곳이 있었다. 제천시 백운면이다. 경순왕은 자리를 잡고 눌러앉았다. 백운면은 첩첩산중이다. 동쪽은 박달재, 서쪽은 배재, 남쪽은 다릿재, 북쪽은 구력재(운학재)로 둘러싸였다. 백운면 도곡리에는 궁평마을(궁뜰)이 있고, 방학리에는 임시 궁궐인 동경저(東京邸)가 있었다. 왕이 물을 떠먹었다는 부수동(浮水洞)과 걸어 다녔다는 진경도(進逕道)도 있다. 경순왕은 백운을 떠나 원주 귀래로 자리를 옮겼다. '귀한 분이 오셨다'는 귀래 지명이 여기에서 유래했다. 경순왕은 용화산(미륵산) 아래 학수사와 고자암을 짓고 절벽에 천년 사직과 백성에게 속죄하는 마음으로 미륵불상을 새겼다.

경순왕은 개경으로 돌아간 후 고려 경종 3년(~978) 한 많은 삶을 마감했다. 운구행렬은 경주로 향했다. 행렬이 임진강을 건너기 위해 연천군 고랑포에 이르렀을 때 임금의 명을 받은 파발마가 달려왔다. 왕릉은 개경 100리를 벗어나면 안 된다는 것이었다. 왕은 운구행렬이 서라벌로 가는 도중 백성이 동요할까 두려웠던 것이다. 난감했다. 그렇다고 개경으로 되돌아갈 수도 없는 노릇이었다.

경순왕은 연천군 백학면 고랑포 북쪽 언덕에 묻혔다. 경순왕이 죽었다는 소식이 들려오자 신라 신하들은 경순왕이 머물렀던 용화산(미륵산) 고자암(현 경천묘 자리로 추정)에 어진을 모시고 제사 지냈다. 세월이 지나면서 전각이 무너지고 인적이 끊겼다. 조선 초기 목은 이색과 양촌 권근이 고쳐 지었고, 조선 숙종 때 원성 현감 김필진(金必振, 1635~1691)이 화상을 그려 전각에 모셨으나 불탔다. 영조는 다시 고쳐 지을 것을 명하고 사액을 내려 영정각 명칭을 경천묘라 하였다. 경천묘는 또다시 불타고 잊혀졌으나 2006년 9월 원주시에서 복원하였다.

경순왕 어진은 다수 제작되었다. 하나는 마의태자가 가져갔고, 하나는 둘째 아들 김황이 가져가서 합천 해인사에 봉안했다. 또 하나는 막내아들 김명종이 원주 미륵산 고자암에서 신라 유민과 함께 그렸다고 한다. 마의태자가 가져간 어진은 종적이 없고, 합천 해인사 봉안분은 경북 영천 은해사 상용암을 거쳐 경주 숭혜전(신라 최초 김씨 왕인 미추왕과 신라통일 주역 문무왕, 마지막 경순왕 위패를 모신 사당)으로 옮겼다. 숭혜전 어진을 보고 1794년 초상화가 이명기가 본떠 그렸으며, 1904년 화승(畵僧) 이진춘이 이명기가 그린 어진을 보고 다시 2점을 그려 경주 숭혜전에 봉안하였다.

고자암 어진은 1677년 원성 현감 김필진이 다시 그려 보관하다가 고자암이 불타자 경주 숭혜전으로 옮겼다. 이후 1903년 하동군 청암면 검남산 밑에 경천묘를 건립하면서 다시 옮겼다가 하동댐 건설로 1988년 11월 평촌리로 옮겨 봉안하였다. 어진은 고려 초의 원본을 모사한 것이며, 얼굴은 비슷하나 그리는 자에 따라 복식과 배경만 다르다고 한다.

도대체 왕은 무엇이고 신하는 무엇인가? 왕이 왕답지 못하고 신하가 신하답지 못할 때 기강은 무너지고 백성은 도탄에 빠진다. 왕은 지도자요, 울타리다. 왕은 백성이 먹고살 수 있도록 틀을 만들어주고 외침으로부터 나라를 지켜야 한다.

경순왕은 망가질 대로 망가져 나라라고 할 수 없는 신라의 왕이었다. 마의태자는 끝까지 싸우자고 했지만, 나라의 지도자라면 할 수 있는 말이 아니었다. 《삼국유사》에는 "서라벌에는 금으로 치장한 집이 35채나 있었다(三十五金入宅 言富潤大宅也)"라고 했다. 이런 왕실과 귀족을 위해 목숨 바쳐 싸울 백성이 어디 있겠는가? 백성은 세금 덜 뜯어가고 부역에 덜 시달리며 열심히 일해서 가족을 부양하며 편안하게 살게만 해 준다면 그게 신라가 되었든 고려가 되었든 무슨 상관이 있겠는가?

우리가 찬란한 불교 문화라고 자랑하는 신라 금관이나 불상도 생각해 보면 왕실과 귀족의 호사품이다. 그걸 누가 만들었겠는가? 역사에서 헐벗고 굶주린 민초 이야기는 빠져있다. 경천묘에서 경순왕만 아니라 이름 없이 살다간 백성의 숨결과 목소리를 떠올려 볼 수 있었으면 좋겠다.

후기 epilogue

'부귀영화길'에 경천묘가 빠져있다. 길 경로도 바꾸고 길 이름도 바꾸었으면 좋겠다.

숙주야, 부끄럽지도 않느냐?

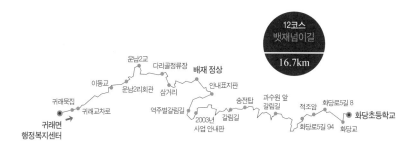

길은 변한다. 길은 제행무상이다. 시시각각 변하고 사시사철 변하고 사람 따라 변한다. 길은 홀로 갈 때 다르고 둘이 갈 때 다르다. 어제 간 사람 다르고 오늘 가는 사람 다르다. 지나간 자는 흔적을 남긴다. 흔적은 세대에서 세대를 이어가며 입에서 입으로 전해지고, 기록에서 기록으로 전해진다. 배재는 평범한 고개가 아니다. 배재는 왕위를 빼앗긴 단종과 천년 사직을 넘겨준 경순왕이 넘었던 길이요, 박해를 피해 숨어들었던 천주학쟁이가 목숨 걸고 넘었던 길이다.

31번 버스는 어둠을 뚫고 거칠게 달렸다. 영하 10도다. 빵 모자와 입마개를 하고 발걸음을 내디뎠다. 날이 희뿌옇게 밝아오자 굴뚝에서 연기가 올라온다. 음머어~, 꼬꼬댁 소리 따라 마을이 기지개를 켠다.

꽁꽁 얼어붙은 운남저수지 뒤로 배재가 보인다.

운남저수지다. 1992년부터 11년 걸려 만들었다. 높이 25m, 저수량 84만 톤이다. 저수지가 한가운데 얼음구멍이 뻥 뚫렸다. 나무 의자가 놓여있다. 혹한의 얼음낚시, 낭만의 주인공은 누구일까?

다리골이다. 《조선지지자료》는 '다리골(橋洞)', 《한국지명총람》은 '교동(다리골)'이다. 앞 내에 다리가 있었다고 다리골이다. 귀래가 고향인 장선생은 부친에게 들은 얘기라고 하면서 "300년 전 강릉에 살던 안씨 가족이 배재를 바라보니 산세가 좋아서, 우거진 다래 넝쿨을 걷어내고 밭을 일구며 살았다고 다래골"이라고 했다. 그는 "눈 오는 새벽 부친이 탄광에 일자리 구하러간다고, 쌀 한 말 짊어지고 배재 넘어 영월 마차까지 길 떠나던 모습이 떠오른다"고 했다. 지금은 걷기가 운동이지만, 그때는 먹고 살기 위해 걸었다. 선생의 아버지는 가고, 이제는 당신이 아버지가 되어 그 길을 걷고 있다.

배재 가는 길. 도로 곳곳에 빈 캔과 페트병이 버려져있다. 캔을 주워 배낭에 담았다. 국도 지방도 할 것 없이 도로 곳곳이 쓰레기로 몸살을 앓는다. 우리는 왜 이럴까? 어디서부터 잘못된 걸까? 이젠 설득이나 계도 단계는 지났다. 기초 질서법을 만들어 엄격하게 단속해야 한다. 말보다 실천이다. 선진국으로 가는 길은 멀고 험하다.

길이 막혀있다. 12월 1일부터 3월 말까지 폭설과 도로 결빙으로 사고가 우려되어 차단한다고 했다. 차단봉을 우회했다. 고도가 올라갈수록 기온이 뚝뚝 떨어진다. 칼바람이 매섭다. 수첩을 꺼냈다. 손이 곱다. 한기가 몸속으로 파고든다.

배재다. 제천시 백운면과 원주시 귀래면 경계다. 멀리 귀래 미륵산이 나신으로 선명하다. 아침 해가 떠오른다. 햇살이 퍼지면서 수목(樹木)에서 새하얀 김이

배재(拜재) 고갯마루에 아침 햇살이 눈부시다.

모락모락 올라온다. 고갯마루에서 경순왕과 단종이 생각난다. 신라 경순왕이 미륵산 황산사 종소리를 들으며 아침. 저녁으로 서라벌을 향해 절 올리던 곳이다. 경순왕을 떠올리며 나도 엎드려서 큰절을 올렸다. 무릎과 이마를 타고 한기가 깊게 스민다.

경순왕에게 배재는 만남의 장소였다. 이규경은 《오주연문장전산고》 '김부대왕 변증설'에서 "경순왕이 월악산 덕주사에 있는 덕주 공주가 찾아온다는 소식이 들리면 배재까지 마중 나와 기다리다가 얼싸안고 좋아했다"라고 했다. 예나 지금이나 딸 사랑은 아버지다.

경순왕이 화백회의에서 나라를 넘겨주기로 결정하자, 죽방부인 박씨와 아들 마의태자, 딸 덕주 공주는 서라벌을 떠났다. 경순왕은 나라도 잃고 가족도 잃었다. 누군들 나라를 넘겨주고 싶었겠는가. 백성은 무슨 죄가 있는가? 지킬 힘도 없으면서 목소리만 높이면 무슨 소용이 있겠는가? 항전을 주장하는 자는 명분만 앞세운다. 항복하지 않으면 백성만 죽어난다. 지도자가 판단을 그르치면 백성이 피눈물을 흘린다. 삶은 타이밍이요, 선택의 연속이다. 귀래에서 백운까지 경순왕을 떠올리며 상상의 나래를 펴며 걷는 일은 집필의 고통을 넘어선다.

귀래 사람들이 영월로 떠나는 단종을 향해 큰절을 올렸다는 이야기도 전해온다. 단종은 배재에서 무슨 생각을 했을까? 할아버지(세종), 아버지(문종), 어머니(현덕왕후 권씨), 꽃다운 왕비(정순왕후) 얼굴이 떠오르지 않았을까? 백두산 호랑이 김종서 대감과 영의정 황보인 모습도 떠올랐고, 자신을 위해 목숨을 바쳤던 성삼문, 박팽년 등 사육신 얼굴도 떠올랐을 것이다. 세종 할아버지가 누구보다 아꼈던 신숙주 얼굴은 더욱 선명하게 떠올랐을 것이다.

어느 날 세종이 밤늦도록 책을 읽다가 궁궐을 둘러보았다. 집현전에 불이 환하게 켜져 있어 다가가 보니 신숙주였다. 세종은 책상에 엎드려 깊이 잠들어있는 숙주에게 어의를 벗어 덮어주고 조용히 자리를 빠져나왔다. 신숙주는 세종이 특별히 아끼던 신하였다. 다른 사람은 몰라도 신숙주는 그러면 안 되는 것이었다. 그는 "단종을 죽여서 후환을 없애야 한다"고 했고, 단종비 정순왕후 송씨가 관비가 되자, "공신비(功臣婢)로 달라"고 했다. (윤근수,《월정만필(月汀漫筆)》)

이게 초시와 복시에서 장원을 했고 과거시험 문과에서 3등을 했다는 천재 신하 신숙주다. 세종이 문종에게 "국사를 부탁할 만한 자"라고 추천(성종 6년 6월 21일, 영의정 신숙주 卒記)했던 신숙주가 한 말이다. 아! 인간이란 무엇이고 권력이란 무엇인가? 권력 앞에는 피도 눈물도 없다는 말이 가슴에 와닿는다.

국문장에 선 사육신은 당당했다. 세조가 국문했다. 성삼문은 세조를 "나으리"라 부르며 임금 취급을 하지 않았다. 화가 난 세조는 쇠꼬챙이를 달궈 다리를 지지고 구멍을 냈다. 그래도 얼굴빛이 변하지 않고 "나으리"라고 하자, 이번에는 팔과 다리를 잘랐다. 심문 도중 성삼문이 집현전 동료였던 신숙주를 향해 "선왕이 네가 잠들었을 때 용포를 벗어 덮어주며 아껴주었는데 숙주야, 부끄럽지도 않으냐?"라고 꾸짖자 세조 뒤로 숨었다. 이때부터 백성들은 하루만 놔둬도 쇠어버리는 나물을 가리켜, 선왕을 배신한 신숙주와 같다고 '숙주나물'이라 불렀다.

박팽년은 모르는 게 없는 천재였다. 재능을 아까워한 세조가 박팽년에게 한 번만 나를 보고 '전하'라고 부르면 살려주겠다고 했다. 그는 "임금은 한 분뿐이다. 두 임금을 섬길 수 없다"라고 하며 단번에 거절했다. 유성원은 목매어 자진

했고, 유응부는 팔다리를 찢어 죽였다. 버려졌던 사체를 수습하여 장례를 치러준 자가 있다. 생육신 매월당 김시습이다. 사육신 묘가 그래서 남아있다.

고 함석헌 선생은 《뜻으로 본 한국 역사》 228쪽에서 "세종이 자기 손발같이 사랑하였고 만세 불변의 충의를 맹세하던 자들이 수양이 눈살 한 번 찌푸리자 구차한 목숨 빌기에 겨를이 없었고, 대세가 그에게로 기울자 서로서로 다투어 옛 주인을 팔아 부귀(富貴)사기에 급급했다. 세종에게 아들 같은 사랑을 받았고, 문종에게는 친구 대접을 받아 밤낮으로 학문토론을 하며 손수 부어주는 술을 마시고 취해 누우면 임금이 옷을 벗어 덮어주었던 정인지, 신숙주, 최항이었다. 세조로 하여금 단종을 내쫓아 영월로 귀양보냈다가 사람을 보내 죽이게 했던 자가 정인지와 신숙주요, 김종서를 죽이고 돌아올 때 앞서 나가 악수 환영한 자가 최항이다. 이것이 집현전이다. 이것이 선왕지도(先王之道)다. 이것이 선비다. 그렇게 악독한 짓을 하고도 명신(名臣)이란 말을 들으며 역사 위에 버젓이 남아있는 것은 그 유교 도덕, 대의명분론을 빌어서 하는 것이다. 선왕지도, 충의도덕, 삼강오륜이라 하지만 그 모든 것이 속에 혼이 있고 하는 말이다. 혼 하나 빠지면 선왕지도는 견마지도(犬馬之道)일 뿐이요, 충의도덕은 종놈이 지는 사슬이요, 삼강오륜은 얽어매어 놓고 해 먹는 도둑놈 밧줄이다"라고 했다.

단종은 이 모든 일이 마치 어제 일인 듯 주마등처럼 스쳐 지나갔다. 단종은 배재를 내려와 구력재, 싸리치를 넘어 죽음이 기다리는 영월 청령포로 향했다. 소년 단종이 유배지에서 지은 '자규시(子規時)'에 피 울음이 배어 있다.

　원통한 넋 새 되어 / 집 잃고 나온 뒤에 // 외로운 몸 짝 그림자 푸른 산속 헤매네 //

밤마다 잠 못 들고 / 해마다 해마다 품은 한 다하지 않네 // 소리 끊긴 새벽녘에 기우는 달 희고 / 피 흐르는 봄 골짜기 / 지는 꽃만 붉구나 // 하늘은 귀먹어서 / 애끓는 하소연 안 듣는데 / 수심 많은 사람 귀는 어이 이리 밝은지.

지난 역사를 비판하기는 쉬워도 같은 일이 나한테 닥쳤다면 어떻게 했을까? 사육신처럼 멸문지화를 당하고 후세에 길이 남는 길을 택했을까, 아니면 한명회나 신숙주처럼 부귀영화를 누렸지만 두고두고 욕먹는 길을 갔을까? 역사는 등장인물만 바뀔 뿐 계속 반복된다. EH 카는 "역사는 현재와 과거의 끊임없는 대화"라고 했다.

임도 따라 달리듯 내려갔다. 싸락눈과 언 흙이 뒤섞여 발을 내디딜 때마다 뽀드득이다. 큰 소나무가 허리를 꺾고 누워있다. 눈 무게를 견디지 못하고 쓰러졌다. 잡목도 쓰러졌다. 모진 나무 옆에 있다가 벼락 맞았다. 사는 일도 그렇다. 마음대로 안 되는 게 삶이다. 삶은 수수께끼다. 죽고 사는 것은 하늘에 달렸다.

자작나무 숲이다. 아궁이에서 탈 때 '자작자작' 소리가 난다고 자작나무다. 선조들은 종이가 귀하던 시절 자작나무 껍질에 글씨를 썼다. 이젠 자작나무 숲이 관광명소가 되는 세상이다. 산돼지가 쓰러져 있다. 땅바닥에 얼어붙어 꼼짝하지 않는다. 인간은 먹이 생태계 최상위 포식자다. 도시화 산업화로 산과 숲이 사라지자 야생화, 개미, 꿀벌, 미생물이 자취를 감추었고, 산새, 노루, 고라니, 산돼지도 보금자리를 잃고 쫓겨났다.

산짐승이 어디로 가겠는가? 먹이를 찾아 민가로 내려오지 않겠는가? 산새는

쓰러진 산돼지(2021. 2. 2.)

사과, 배, 복숭아를 파먹고, 산돼지와 고라니는 농작물을 파헤친다. 산과 숲이 사라지면 인간도 살지 못한다. 광합성 보물 창고가 어딘가? 숲이 아닌가. 미세 먼지가 어디에서 오는가? 중국에서 온다고? 아니다. 인간이 만든 것이다. 당신 에게 동물은 무엇인가? 생태학자 최재천은 《인간과 동물》에서 이렇게 말했다.

거미를 연구하는 영국학자 한 사람이 거미를 한 마리 잡았다. 거미 등에 새끼 몇 마리가 올라타고 있었다. 실험실에서 자세히 살펴볼 생각으로 가져왔다. 표본을 만들기 위해 새끼를 붓으로 털어내고 어미를 알코올에 넣었다. 얼마를 기다렸다. 어미가 움직이지 않기에 '죽었구나' 생각하고 새끼도 병에 넣었다. 그런데 새끼가 들어오니까 죽은 줄로 알았던 어미 거미가 다리를 뻗어서 새끼를 감싸 쥐고 품에 안고 죽어갔다. 가슴이 아팠다. 독극물에 죽어가면서도 새끼를 끌어안고 보호하는 것이 어미의 모습이었다.

무슨 생각이 드는가? 거미도 사람처럼 똑같이 숨 쉬며 살아가는 생명체다.

백운면 화당리 냇가에 봄이 오고 있다.

나무도 생각한다고 하지 않는가. 인간은 자연의 일부다. 긴 임도가 끝났다.

배재 아래 첫 집이다. 백구가 이빨을 드러낸다. 'Watch Dog'이다. 개는 낯선 사람이 오면 짖어야 한다. 짖지 않으면 밥 먹을 자격이 없다. 소금도 짠맛을 잃으면 버려진다. 백운면 화당리 너른 들판이다. 들녘 냇가에 얼음 녹은 물이 졸졸 흐른다. 봄물 위에 부서지는 햇살이 눈부시다. '꽃댕이 마을' 화당초등학교다.

천주학이 뭐길래?

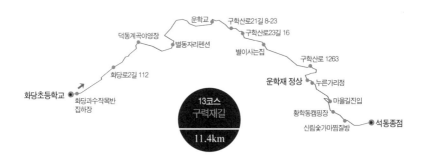

화당리(花塘里)는 꽃댕이다. 우리말로 꽃마을이다. 마을 입구에 안내비가 서 있다.

【'고려 태조 23년(940) 제주라 칭하여 관아가 있었고, 향교골, 시장터, 점골, 옥령거리, 전장터, 백정막골 등 지명은 그때 붙여진 이름이다.'】

제천시 백운면 화당리는 원주시 부론면 손곡리 서지마을과 함께 '천주학쟁이'가 모여 살던 교우촌이었다. 1839년 1월 기해박해 때 서지마을에 숨어 살던 최해성(요한, 1811~1839)은 포졸의 습격을 피해 화당으로 몸을 숨겼다. 얼마 후 최해성은 성물과 책을 가지러 다시 배재를 넘어 서지마을로 갔다가 현장에서 체

흥인 레오(춘천)   김강이 시몬(원주)   최해성 요한(원주)   최비르지타(원주)

포되었다. 강원감영으로 끌려와 살과 가죽이 벗겨지고 뼈가 으스러지는 모진
고문을 받았다. 배교하면 살려주겠다는 관장의 회유에 "나는 원주 고을을 다
준다 해도 천주를 배신할 수 없소"라는 말을 남기고 그해 9월 29일 참수(斬首)되
었다. 2014년 8월 16일 프란치시코 교황은 강원도 출신 순교자 4명(위 사진)을
복자(福者) 품에 올렸다.

마을 안길 따라 둑길을 올라가자 덕동계곡이다. 관광 안내지도에 제천 10경
이 나와 있다. 원주에도 8경이 있다. 제1경 구룡사, 제2경 강원감영, 제3경 상
원사, 제4경 비로봉, 제5경 간현관광지, 제6경 영원산성, 제7경 용소막 성당,
제8경 미륵산 미륵불상이다. 경치에 무슨 기준이 있겠는가? 제 눈에 안경이다.
같은 경치도 누가, 어떤 마음으로 보느냐에 따라 다르다.

덕동계곡 주변에 박달재와 '박하사탕' 촬영지가 있다. 박달재는 제천시 봉양
읍과 백운면을 잇는 고개다. 박달선비와 금봉처녀의 애절한 사랑 이야기가 전
해져 온다. '박하사탕' 촬영지는 제천시 백운면 애련리 진소마을이다. 첫 장면
과 마지막 장면이 기억난다. 설경구가 철로에서 "나 다시 돌아갈래"라고 외치

며 달려오는 열차를 향해 몸을 던
지는 장면이다. 모래시계 촬영지
였던 강릉 정동진역이 대박을 터
뜨리자 지자체마다 드라마와 영화
촬영지 섭외에 뛰어들었다. 영화
감독과 드라마 작가에게 원주 굽
이길 역사 인물을 소재로 방송이
나 영화제작 아이디어를 제공해보
면 어떨까?

영화 '박하사탕' 포스터

402번 지방도가 길게 이어진다.
갓길이 없다. 겨울이라 차량통행
이 드물다. 운학교를 지난다. 운
학천은 덕동계곡 원서천과 합류한
후 제천을 지나 남한강으로 흘러든다. 박달재 터널 밑을 지난다. 2021년 1월 5
일 원주~제천 간 KTX 개통으로 새로 생긴 터널이다. 운학1리 마을 안길이다.
트럭 스피커에서 방송이 울려 퍼진다. 해물을 사기 위해 트럭 옆에 촌로와 누렁
이 한 마리가 꼬리를 흔들며 서 있다. 길섶에서 칠색(七色)으로 잔뜩 멋을 낸 장
끼 한 마리가 허공을 향해 솟구친다. 통통한 까투리도 뒤따라 솟구친다. 입춘
즈음 산골 풍경은 여유롭고 넉넉하다. 법정 스님은 "자연에 들면 말이 시시해
진다"라고 했다. 구례골 하얀 민들레 농원과 천주교 마리스타 교육 수사회, 별
수아골 생태 살림터를 지난다. '민들레', '별수아골' 같은 우리말에서 맑고 고운
마음이 전해진다.

구력재(운학재, 530m) 고갯마루다. 원주시 신림면과 제천시 백운면을 잇는 지방도가 지난다. 본래 구록치(求祿峙)였는데 구력재, 구력재로 바뀌었다. 굽이길은 신림 용소막 성당 쪽으로 직진이지만, 스토리가 넘쳐나는 구학산, 주론산, 배론성지를 놔두고 그냥 갈 수는 없다.

구학산(九鶴山, 983.4m)은 치악산 남대봉에서 내려온 산줄기(백운지맥)가 가리파재를 넘어 치악산 휴양림 뒤 찰방고개(察訪峙)를 지나 벼락바위봉에서 남동 방향으로 불쑥 솟은 산이다. 원주역사박물관 《지명유래집》에 이야기가 나온다. "옛날 어느 대갓집에 초상이 났다. 묏자리를 구하다가 명당이라 소문난 산꼭대기 바로 아래 땅을 파자 땅속에서 학 아홉 마리가 동시에 푸드덕 날아올랐다. 날아간 학은 신선이 되었고, 학이 머문 곳에 '학(鶴)' 자 지명이 생겼다. 선학, 방학, 황학, 학산, 운학 등이다. 이때부터 마을 이름을 구학리라 하였고 산 이름도 구학산이라 부르게 되었다."

구학산을 지나면 주론산(903m)과 팔왕재(파랑재)가 나온다. 이곳에서 배론성지와 박달재 가는 길이 갈린다. 팔왕재에서 조백석골을 지나면 배론성지다. 구력재에서 배론성지에 이르는 산길은 박해를 피해 심심산골로 숨어들었던 천주학쟁이가 포졸의 감시와 외인의 눈길을 피해 은밀하게 이용했던 비상통로가 아니었을까?

배론은 1801년 황사영 백서(帛書)사건과 우리나라 최초 성 요셉 신학교가 있었던 곳이다. 길 위의 사제, 땀의 순교자로 불리는 최양업(1821~1861) 신부 묘지도 있다. 천주학은 백성에게는 복음이었지만, 사대부에게는 정학(正學)에 도전하는 사학(邪學)이었다. 천주교의 평등사상은 양반의 수탈과 횡포에 시달리던 백성에게는 희망이요, 구원이었다. 심환지 등 노론 벽파는 사학을 발본색원해야 한다고 주장했으나, 정조는 "사학(邪學)은 정학(正學)을 진흥하면 스스로 자멸할 것이다"고 하며 방관했다. 남인 시파이자 조정 실세였던 채제공의 묵인도 천주교 확산에 한몫했다.

체제공과 정조가 잇달아 죽자, 정순왕후와 벽파가 권력을 잡았다. 어린 순조를 대신하여 정순왕후가 수렴청정에 나서면서 벽파는 대공세에 나섰다. 명분은 천주학이었다. 1801년 정순왕후는 언문 교지를 내려 천주학쟁이를 잡아들이기 시작했다. 인륜을 무시하는 사교를 발본색원하여 나라의 기강과 윤리를 바로 세운다는 것이었지만, 시파 탄압을 위해 사전에 기획한 '사학 프레임'이었다. 천주교 지도자였던 이승훈과 이가환, 이벽, 권철신이 체포되었다. 정약전과 정약종, 정약용도 끌려왔고, 박지원과 박제가도 잡혀왔다. 대환란의 시작이었다. 피바람이 불기 시작했다. 정씨 형제가 의금부 형틀에 묶였다.

김훈은 《흑산》 16~17쪽에서 이렇게 썼다.

"나의 형 정약전과 나의 아우 정약용은 심지가 얕고 허약해서 신앙이 자리 잡을 만한 그릇이 못 된다. 내 형제들은 천주학을 한바탕의 신기한 이야깃거리로 알았을 뿐, 그 계명을 준행하지 않았고 타인을 교화시키지도 못했다." 약종의 진술 덕에 약전과 약용은 유배로 감형되어서 죽임을 면할 수 있었다. 정약종은 누워서 하늘을 우러러며 웃으면서 칼을 받았다. 주여! 어서 오소서. 이승에서 마지막 사치였다.

그러나 정약용은 내가 살기 위해 셋째 형 정약종을 원수처럼 여겼고, 조카사위 황사영과 교우를 물고 들어갔다. 정약용이 말했다. "주문모에게 세례받은

정약용   황사영

자 중 황사영이 있다. 사영은 나의 조카사위다. 그를 잡으면 토사(討邪)에 큰 도움이 될 것이다. 황사영과 그 일당들은 깊이 숨어서 잡기 어렵고 죽어도 불변할 자들이다. 그들 주변에서 물이 덜 든 노복이나 학동을 붙잡아 형문 하면 그 상전의 행방을 혹 알 수도 있을 것이다."

정씨 형제는 죽음을 면하고 흑산도와 강진으로 유배되었다. 황사영은 스승이자 처삼촌이었던 정약종이 참수당하고, 정약전과 정약용이 잡혀갔다는 말을 듣고 황급히 배론으로 몸을 피했다. 뭐니 뭐니 해도 배론의 스타는 황사영(알렉산델)이다. 황사영이 누군가? 열여섯 살에 사마시에 합격하여 정조가 "스무 살이 되어 나에게 오면 큰 벼슬을 주겠다"고 약속하며 손목을 잡아주었던 전도양양한 젊은 선비였다.

황사영의 운명은 스승 정약종을 만나면서 가시밭길을 걷게 된다. 황사영은 정약종에게 학문과 천주교 교리를 배우면서 알게 된 정약현의 맏딸 정명련(다른 이름 정난주)과 혼인했다. 황사영은 유복자로 태어나 증조부 황준 밑에서 가난한 어린 시절을 보냈는데 혼인을 통해서 11대째 내리 벼슬을 했던 명문가인 정씨 일가의 구성원이 된 것이다.

정씨 일가는 한국천주교회사와 맥을 같이 한다. 다산을 중심으로 살펴보자. 다산의 맏형은 정약현, 둘째 형은 정약전, 셋째 형은 정약종이다. 정약현의 처남은 이벽(천주교 평신도 지도자)이요, 사위는 황사영이다. 정약전은 배교한 후 흑산도로 유배되어 물고기를 연구하며 《자산어보》를 남겼다. 영화 '자산어보'에 정약전의 명대사가 나온다. "학처럼 사는 것도 좋으나, 구정물 흙탕물 다 묻어도 마다치 않는 자산 같은 검은색 무명천으로 사는 것도 다 뜻이 있지 않겠느냐?" 정약종(아우구스티노)은 집행관에게" 하늘을 쳐다보고 죽게 해달라"고 했다. 그는 망나니의 첫 칼에 목이 절반만 잘리자 서서히 일어나 십자성호를 긋고 다시 누워서 일격을 받았다. 나이 마흔두 살이었다. 부인 유소사와 아들 정철상(가롤로), 정하상(바오로), 딸 정정혜(엘리사벳)까지 일가족 모두 순교했다.

다산은 문초를 받고 18년 유배 생활을 하게 된다. 누이는 한국천주교 최초의 세례자 이승훈(베드로) 부인이다. 이승훈은 배교하고 죽었으나, 아들 이신규, 손자 이재의, 증손자 이연규, 이균규은 순교하였다. 정씨 일가의 핵심은 정약용이다. 조정은 황사영을 '매국노'라 했고, 정약용은 "조카사위라 하더라도 차라리 원수"라고 했다. 정약용과 황사영 이야기가 이덕일의 《정약용과 그의 형제들》에 나온다.

1801년 2월 정약용이 전격적으로 체포된 다음 날 국청에 섰을 때 위관은 영중추부사 이병모, 영의정 심환지, 좌의정 이시수, 우의정 서용보였다. 다산이 암행어사 시절 일로 원한을 품고 있는 서용보가 위관으로 다산의 목숨을 쥐고 있었다. 정약용은 국청에서 죽을지도 모른다는 생각이 들었다. 그는 담담하게 진술했다. "한점 사심(邪心 : 천주교에 대한 마음)이라도 천지 사이에 남겨 두었더라면 저의 죄상은 천 번 살을 발라내고 만 번 쪼개진다 해도 아까울 것이 없습니다." (신유사옥 죄인 이가환 등 추안 중에서)

다산은 2월 11일 열린 2차 추고에서 위관이 "천주학쟁이가 아니냐?"라고 묻자 "매번 사학에 관한 일이 나오면 근심하는 마음이 배가되었기 때문에 부자(父子)가 간혹 경계하는 말을 주고받은 적은 있으나 어찌 감히 위로 임금을 속일 수 있으며, 아래로 형(정약종)을 증거로 삼을 수 있겠습니까. 형제 사이는 천륜이 중하거늘 어찌 혼자만 착한 척할 수 있겠습니까. 오직 같이 죽기만을 원합니다"라고 했다. 다산은 신장(訊杖 : 신장은 가시나무 줄기를 깎아서 만들었고 사헌부나 사간원 형조의 추국 때 사용하는 삼성신장은 보통신장보다 더 굵었다) 30대를 맞았다.

이어서 2월 13일 열린 3차 추고에서 다산은 황사영을 비난하며 사학 소굴을 찾는 법에 대해 이렇게 제안했다. "사학 하는 자들이 예배하는 장소를 알아내는 방법이 있는데 최창현이나 황사영 같은 무리는 계속해서 형벌을 가해도 실토하지 않을 것이니 반드시 그 노비나 어린아이 가운데 사학에 물들었지만 그리 심하게 물들지 않은 자를 잡아서 문초하면 그 단서를 찾아낼지도 모르겠습니다."

"내가 이런 지경에 이르니 사학 하는 자들이 원수입니다. 만일 10일을 기한으로 영리한 포교를 입회시켜 내보내 준다면 사학의 소굴을 잡아 바치겠습니다. 다른 사람은 몰라도 황사영은 사학을 했는데 그는 저의 조카사위이기 때문에 차마 곧바로 고하지 못했습니다. 그는 죽어도 변하지 않으니 조카사위라고 하더라도 차라리 원수입니다."
다산이 황사영을 물고 들어가 심하게 비난한 것이 목숨을 건지는 계기가 되었다.

　위관들은 이렇게 논의했다. "다산은 초기에는 사학에 감염되었고, 약종이 그의 형이
니 죽어도 아까울 것이 없으나, 지금 다시 추고 할 때 가문이 장차 망하려는 것을 아프
게 여겼고, 약종을 원수처럼 생각하고 그 이름을 지명해 고하니 더 얻어낼 정황이 없으
며 진정으로 우러나온 것 같다." 그는 형틀에서 풀려나 사헌부 안으로 보석 되어 처분
을 기다리게 되었다. 순간 나오라는 소리가 들렸다. 투옥된 지 19일 만이었다. 목숨은
건졌으나 무죄 석방은 아니었다. 정약용은 장기현(장기곶)으로, 정약전은 신지도(흑산
도)로 유배형에 처해졌다.

　다산은 다른 사람 묘지명은 써 주었으나 셋째 형 정약종과 매형 이승훈 묘지
명은 써주지 않았다. 다산에게 천주학은 뜨거운 감자였다. 만약 정조가 오래
살았고 정약용이 천주학에 몸담지 않았더라면 어떻게 되었을까? 유배도 가지
않았을 것이고, 《목민심서》와 《흠흠심서》, 《아방강역고》는 빛을 보지 못했을 것
이다.

　황사영은 1801년 음력 2월부터 9월 22일까지 7개월간 배론 토굴에서 북경
주교 구베아에게 보내는 편지를 썼다. 이른바 '황사영 백서'다. 가로 62cm, 세
로 38cm 비단에 먹을 갈아 작은 붓으로 한 줄에 100자씩 13줄 깨알같이 써 내
려간 13,384자를 보면 놀라운 집중력과 지극한 정성에 탄복하게 된다.

　줄거리는 이렇다. 첫째 중국인 주문모 신부의 활동과 신유박해 때 죽은 조선
순교자 약전(略傳)을 적었고, 둘째 주문모 신부의 자수와 처형에 이르는 과정을

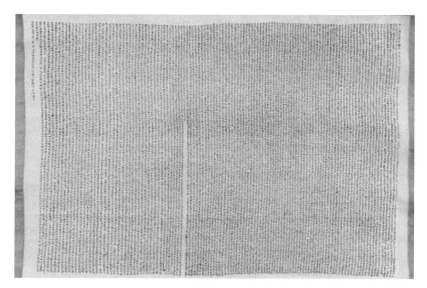

배론토굴에서 7개월간 극세필로 써 내려간 백서

적었다. 셋째 조선 내부 사정과 신앙 자유를 얻으려는 방안을 제시하였다. 로마 교황이 청나라 황제에게 편지를 보내 조선이 천주교를 받아들이도록 압력을 가하고, 조선을 청나라의 성(城)으로 편입시켜 감독하게 해달라고 하였다. 이게 안 되면 서양 군함 수백 척과 군사 5~6만 명을 데리고 와서 조선 정부를 압박해 달라고 하였다.

이건 황사영의 패착이었다. 아무리 힘든 상황이라고 하지만, 외세를 불러들여 신앙의 자유를 얻고자 한 행동은 용서받을 수 없는 일이었다. 황사영은 백서(帛書)를 1801년 음력 10월 중국 북경으로 떠나는 동지사(동짓날에 맞춰 보내던 사신) 편에 끼워 보내려 했으나 심복이었던 황심과 옥천희(玉千禧)가 연이어 체포되면서 물거품이 되고 말았다. 두 사람은 고문을 받고 은신처를 자백했고, 황사영은 1801년 음력 9월 29일 한양에서 내려온 포졸에게 체포되었다.

조선조정은 비상이 걸렸다. 청나라에 보내는 동지사에게 진주사(陳奏使 : 중국에 보고할 일 있을 때 보내는 사신)를 겸하게 하고 신유박해의 정당성과 주문모 신부의 처형에 대해 해명하는 토사주문(討邪奏文)을 보냈다. 이어서 진본 백서를 923자로 축소한 가짜 백서를 만들어 청나라 예부에 제출하였다. 중국의 보호 감독 요청은 빼고 서양 군함과 군대 동원 요청 내용을 강조하였다. 원본 백서는 의금부에 보관하다가 1894년 갑오개혁 후 옛 문서 파기 때 발견하여 당시 조선교구장이던 뮈텔 주교가 인수하였다. 뮈텔은 1925년 한국순교복자 79위 시복식(諡福式 : 순교자를 공식적으로 인정하고 선포하는 행사) 때 교황 피우스 11세에게 전달하였고, 현재 로마교황청 민속박물관에 보관되어 있다.

황사영과 가족은 어떻게 되었을까?

황사영은 11월 5일 대역부도(大逆不道)죄로 서소문에서 능지처사 되었다. 어머니와 부인은 1801년 2월 황사영이 배론으로 피신하자 체포되어 9개월간 옥살이를 했다. 황사영이 죽자 부인 정명련은 배교했다. 두 살 아들 황경한을 살리기 위해서였다. 애끊는 모정은 신앙도 넘어섰다. 1801년 11월 7일《승정원일기》는 "대역부도죄인 황사영의 어미 이윤혜는 경상도 거제부(거제도) 관비로 삼고, 처 정명련은 제주목 대정현 관비로 삼는다. 아들 경한은 두 살이므로 법에 의해 교형을 면제하고 전라도 영암군 추자도 관노로 삼는다"고 했다.

정명련은 제주도로 가는 배 안에서 포졸과 뱃사공에게 뇌물을 주며 아이가 물에 빠져 죽은 것으로 해 달라고 간절하게 청했다. 그들은 두 살배기 아들을 추자도에 내려놓고 갔다(당시 아들 옷소매에 본관과 이름을 새겼고 족보도 함께 두고 갔다고 함). 1996년《추자도지》에 황경한 구출 장면이 나온다. "1801년 어머니는 아이의 생명을 살리기 위해 추자도 물생이 끝 예초리 부근 섬 바위에 아이를 내려놓고 갔다. '육지에서는 울돌목을 조심하고, 추자에서는 물생이 끝을 조심하라' 는 말이 있을 정도로 험한 곳이었다. 오상선이 소를 먹이러 나갔다가 아이 울음 소리를 듣고 따라가니 배내옷을 입은 사내아이가 울고 있었다. 배내옷에는 이름이 적혀 있었다. 부부는 자식이 없었다. 하늘이 준 아이라고 생각했다. 부인이 아이에게 젖을 물리자 젖이 나왔다." 이후 황경한은 한 번도 어머니를 만나지 못하고 예초리 언덕배기 솔밭에 묻혔다. 어머니 정명련이 그를 내려주고 갔던 바로 그곳이었다.

황사영이 죽자, 정하상(정약종 둘째 아들)은 1801년 신유박해 이후 침체에 빠져 있던 조선 천주교회를 다시 일으켰다. 외국인 신부를 데려오고 신학생 3명을 선발(김대건, 최양업, 최방제)하여 북경까지 데리고 가는 등 초기 한국천주교회 대들보 역할을 하였다.

정하상은 조신철(가롤로 1796~1839)과 함께 로마 교황 레오 12세에게 편지를 썼다. 편지는 역관 유진길(바오로)이 라틴어로 번역했다. 조선에 교구를 설치해 달라는 것이었다. 교황청에서 포교성 장관으로 있던 카펠라리 추기경은 이 편지를 읽고 눈물을 흘렸다. 레오 12세가 선종하자, 카펠라리 추기경이 교황이 되었다. 그레고리오 16세다.

그는 1831년 9월 9일 조선에 교구 설립을 허락하고 주교를 파견하였다. 첫 주교는 브뤼기에르였다. 그는 1832년 10월 방콕을 떠나 조선으로 향했다. 마닐라에서 홍콩으로 오는 도중 해적을 만나 돈을 뺏기고 죽을 고비를 넘기며 천신만고 끝에, 마카오와 북경을 거쳐 북만주 마가자에 도착했다. 그러나 이질에 걸려 "몸무게는 3분의 1로 줄고, 털은 다 빠지고, 손바닥만 빼놓고 성한 곳이 하나도 없지만, 생명이 붙어 있는 한 양 떼가 기다리는 조선으로 가야 한다"라는 유언을 남기고 1835년 선종했다.

이어서 제2대 앵베르, 제3대 페레올, 제4대 베르뇌 주교가 임명되었다(1866년 병인박해 때 베르뇌 주교에 이어 제5대 다블뤼도 주교도 임명 20일 만에 체포되어 순교하였다).

베르뇌 주교는 조선인 신부 양성을 위하여 로마교황청에 신학교 설립을 요청하였고, 1855년 프랑스 외방선교회 메스트로 신부는 배론에 한국 최초 성 요셉 신학교(1855~1866)를 세웠다. 신학교는 장주기(요셉)가 살던 집이었다. 장주기는 푸르티에, 프티니콜라 신부와 함께 신학생 10명을 선발하여 가르쳤다. 교장은 푸르티에(Pourthie 1830~1866), 교수는 프티니콜라 신부였다.

초기 배론 신학교 모습

1857년 푸르티에 신부는 파리외방선교회 알브랑에게 보낸 편지에서 당시 배론 신학교 사정에 대해 이렇게 말했다. "곤란한 일을 몇 번 겪었다. 그중 하나는 포졸 일당과 아주 못된 이웃 마을 외교인이 우리 마을 신자를 포위하고 위협했다. 5~6일 동안 책과 신학교 성물 일체를 신자들만 아는 산속 동굴에 숨겨 두었다."

신학교 설립 11년 후, 1866년 2월 28일 베르뇌 주교가 체포되었고, 3월 2일 오전 11시 한양에서 내려온 포졸이 신학교를 급습하여 장주기와 두 신부를 체포하고 책을 불태웠다. 당시 신학생으로 있던 손원규(서울대교구 손희송 주교 증조부)는 '병인순교자 재판기록 제4권'에서 이렇게 말했다.

나는 새벽마다 미사참례를 알리는 북을 쳤다. 그날 오전 11시 포졸이 신학교에 들이닥쳐, 푸르티에 신부와 프티니콜라 신부를 체포하려고 문 앞을 막아섰다. 프티니콜라 신부는 피하라고 했다. 나는 산으로 도망쳤다. 산에서 내려다보니, 두 신부는 소에 태워 끌려가고 있었고, 마당에는 포졸이 신학교 방에 있던 책을 꺼내 불태우고 있었다. 그 책은 푸르티에 신부가 집필한 '라틴어 한글, 한문 사전'과 미사 경본, 기도서와 신심 서적 등이었다.

두 신부는 3월 11일 새남터에서 순교하였고, 장주기(요셉)는 3월 30일 충남 보령 갈매못에서 군문효수(軍門梟首)당했다. 이후 배론은 신앙촌이 되었고 1922년 공소강당을 신축했다. 신학교와 공소 건물은 한국전쟁 때 불탔다. 공소는 1956년 다시 지었고, 신학교 건물은 2003년 복원하였다. 배론은 2006년 성당이 되었다.

배론에는 '길 위의 사제', '땀의 순교자'로 불리는 최양업(토마스, 1812~1861) 신부 묘소가 있다. 최양업은 김대건에 이어 두 번째 한국인 신부다. 1821년 충청도 청양 다락골에서 아버지 최경환(프란치스코)과 어머니 이성예(마리아) 사이에서 여섯 형제 중 맏이로 태어났다. 최경환과 이성예는 기해박해(1839) 때 순교하였다. 큰 인물 뒤에는 어머니가 있다. '맹모삼천지교'라는 말이 괜히 나온 게 아니다.

이성예(마리아)는 남편과 함께 수차례 문초와 형벌을 받았다. 젖줄이 끊어져 두 살 난 젖먹이가 칭얼대며 울고 있는 모습을 보자 가슴이 미어졌다. 그는 배교하고 옥에서 풀려나 집으로 돌아왔다. 그러나 마카오로 간 첫째 아들 최양업이 신학교에 갔다는 사실이 알려져 다시 잡혀갔다. 이성례는 감옥에서 잘못을 뉘우치며 배교를 취소하였고, 두 살짜리 막내아들(스테파노)은 엄마 무릎에서 굶어 죽었다.

이성례가 잡혀가자 남아있던 최양업 동생 네 명은 걸식하며 살았다. 어머니 사형집행일이 정해졌다는 말을 들은 둘째 아들 열두 살 최의정(야고버)은 네 형제가 동냥으로 모은 돈과 쌀자루를 들고 망나니 집을 찾아갔다. "우리 어머니를 아프지 않게 단칼에 하늘나라에 가게 해주십시오." 망나니는 아들의 효성에 감동하여 밤새도록 칼을 갈았다. 다음 날 당고개(堂峴)에 많은 사람이 모였다. 망나니가 북소리에 맞춰 칼춤을 추기 시작했다. 이성예는 손발이 묶인 채 십자가에 엎드렸다. "주여 어서 오소서!" 순간 망나니 칼이 공중에서 번쩍하며 내리꽂혔다. 단 한 번이었다. 1840년 1월 31일(1839년 음력 12월 27일) 이성례 나이 서른아홉 살이었다(최의정은 천주교 원주교구 최기식 신부의 증조부다).

1836년 12월 3일 프랑스 모방 신부는 최양업, 김대건, 최방제(프란치스코, 1837년 11월 위열병으로 사망)를 신학생으로 뽑아 홍콩 마카오로 보냈다. 파리외방선교회 신학교에서 학업을 마친 김대건은 1845년 8월 17일, 최양업은 4년 늦은 1849년(28세) 4월 15일 상해 예수회 서가회 대성당에서 사제가 되었다. 김대건 신부는 13개월 만에 순교하였지만, 최양업 신부는 이때부터 11년 6개월 '길 위의 사제' 여정이 시작되었다. 조선 입국은 쉽지 않았다. 중국 차쿠에 머무르며 여섯 번 시도 끝에 1849년 12월 혹독한 추위를 뚫고 의주 변문을 통해 귀국했다.

최양업 신부는 귀국하자마자 하루에 짧게는 80리, 길게는 100리를 오가며 강원과 경기, 충청, 경상, 전라도 산간오지 교우촌을 찾아다녔다. 감시의 눈을 피해 옹기장사를 하며 숨어 살았던 교우들은 신부를 만나면 눈물을 흘리며 기뻐했다. 신부가 오는 날은 마을 전체가 축제 분위기였다.

최양업 신부는 주교에게 보내는 서한문에서 "먼길을 걸어가 외교인(外敎人)과 혼인하여 19년 동안 성사를 받지 못했지만, 신자 본분을 다했던 안나에게 재빨리 사죄경(赦罪經)을 염해주고 성체를 영(領)해준 다음 나오면서 한 영혼을 위해 하느님께 감사하며 기도드렸다." 19년 만에 처음으로 신부를 만나 고해성사를 하고 성체를 받아 모신 마음이 어떠했겠는가? 그가 6개월 동안 만난 신자만 해도 3,815명이었고, 2년 후 1851년에는 127개 교우촌을 돌며 5,936명을 만났다.

최양업 신부는 교우 자녀 이만돌과 김요한, 임 빈첸시오를 선발하여 파리외방선교회 말레이시아 페낭 신학교로 유학 보냈다. 신학교는 주로 중국, 일본,

최양업 신부와 라틴어로 쓴 편지

태국, 베트남, 조선의 젊은이를 선발하여 가르쳤으나 1854년 3월 문을 닫았다. 그는 충북 진천 배티에 머무르면서 천주가사를 지어 배포하고 한글 기도서와 교리서도 만들었다. 르그레즈 신부에게 서양악기를 보내 달라고 편지도 썼다. "서양음악을 연주할 수 있는 견고하게 잘 만들어진 악기를 하나 보내주십시오. 여러 개 건반이 딸린 30프랑짜리면 좋겠습니다(1858년 10월 3일 최양업 신부 서한 중에서)." 악기가 풍금이라는 말도 있지만 확인되지 않았다. 풍금이냐 아니냐가 중요한 게 아니라 악기에 담겨 있는 마음이 중요한 것이다.

11년 6개월, 9만 리. 하루 평균 100리를 걸어서 127개 교우촌을 찾았고, 신학생을 선발하여 유학 보내고, 천주가사를 짓고, 한글 교리서를 만들고, 서양 악기까지 들여와 가르쳤으니, '땀의 순교자'라 불러도 지나친 말이 아니다. 말이 좋아 하루에 100리지, 천주교 박해 기간 내내 감시의 눈길을 뚫고 비포장 길을 걸었으니 병이 나지 않을 수 있겠는가?

그는 1861년 6월 15일 교우촌 방문을 마치고 돌아오다가 경북 문경에서 쓰러지고 말았다. 나이 41세였다. 당시 배론 성요셉 신학교 교장 푸르티에 신부는 그해 10월 20일 '파리외방선교회에 보낸 편지'에서 최양업 신부의 임종 순간을 이렇게 묘사했다. "최양업 신부는 병으로 보름 만에 숨을 거두었다. 그가 병석에 누워있던 집은 내가 거처하던 곳에서 170~180리 떨어져 있었다. 나는 그가 숨을 거두기 8~9시간 전쯤 가까스로 도착할 수 있었다. 그는 의식이 있었으며 예수 마리아를 열심히 반복했다.(……) 나는 그가 고통스러운 죽음의 순간까지 두 이름을 말하는 것을 은총으로 여기지 않을 수 없었다." (2021. 5. 23. 천주교 원주교구 〈들빛〉 주보 4면) "시신은 문경에 가매장하였다가 그해 11월 초 배론으로 옮겨 교구장 베르뇌 주교 집전으로 장례미사 후, 성 요셉 신학교 뒷산에 묻었다." (배은하 지음, 《역사의 땅, 배움의 땅 배론》)

천주교 원주교구는 2021년을 '최양업 신부 탄생 200주년 시복시성 기원의 해'로 정했다.

【시복(諡福)은 천주교회가 거룩한 삶을 살았거나 순교한 자에게 허락하는 칭호다. 로마교황청의 엄격한 심사를 거쳐 교황이 공식 선언한다. 2014년 8월 16일 프란치스코 교황은 윤지충 바오로와 동료 123위를 복자로 선언하였다. 시성(諡聖)은 순교자의 신앙과 성덕을 기리기 위해 교회가 공식적으로 인정하는 성인이다. 교회 성인 명부에 기록되고 축일을 지정하며 이름을 세례명으로 쓸 수 있다. 김대건 안드레아 신부 등 103위 순교성인이 있다.】

왜 최양업일까? 최양업 신부는 순교자가 아닌 증거자였다. 2002년부터 시복 대상에 올랐으나 탈락했다. 최초 사제였던 김대건 신부의 그늘에 가려 '땀의 순교자'이며 두 번째 사제였던 최양업 신부는 주목받지 못했다. 일등의 그늘은 넓고 깊다. 부르심을 받은 사람은 많지만 뽑히는 사람은 적다. (마태오 22장)

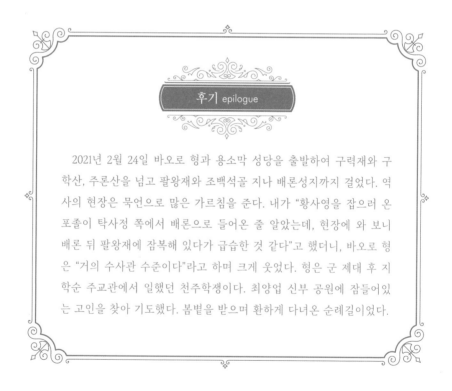

후기 epilogue

2021년 2월 24일 바오로 형과 용소막 성당을 출발하여 구력재와 구학산, 주론산을 넘고 팔왕재와 조백석골 지나 배론성지까지 걸었다. 역사의 현장은 묵언으로 많은 가르침을 준다. 내가 "황사영을 잡으러 온 포졸이 탁사정 쪽에서 배론으로 들어온 줄 알았는데, 현장에 와 보니 배론 뒤 팔왕재에 잠복해 있다가 급습한 것 같다"고 했더니, 바오로 형은 "거의 수사관 수준이다"라고 하며 크게 웃었다. 형은 군 제대 후 지학순 주교관에서 일했던 천주학쟁이다. 최양업 신부 공원에 잠들어있는 고인을 찾아 기도했다. 봄볕을 받으며 환하게 다녀온 순례길이었다.

보부상 그리고 용소막 사람들

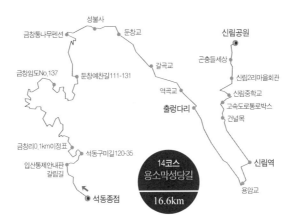

신림에는 용소막 성당이 있다. 횡성 풍수원과 원주 원동 성당에 이어 강원도에서 세 번째로 세워진(1915) 고딕식 성당이다. 신림에는 보부상이 등짐지고 넘었던 가리파재도 있고, 조선시대 둔전(屯田)이 있었던 금창리도 있다. 민족항일기에 문을 열었다가 80년 만에 문을 닫은 신림역도 있다.

설 연휴 둘째 날, 석동 종점 행 24번 버스에 올랐다. 차 안에는 마스크를 쓰고 스마트폰을 들여다보는 젊은이 한 사람뿐이다. 손님 없는 시골 버스가 버텨내는 건 국고보조금 덕분이다. 텅 빈 시골 버스를 볼 때마다 가슴이 아프다.

석동교다. 다리 밑에서 물소리가 들린다. 버드나무에서 움이 터져 나온다.

석동교

세상은 들끓어도 절기는 한 치의 오차도 없다. 햇살이 눈부시다. 혹한을 이겨
낸 나목(裸木)에 물이 오른다. '뽀로록뽀로록, 슈피슈피슈피슈피, 삐비비비삐비
비비……' 눈을 감고 새소리에 귀를 기울이자 심신이 정화된다.

금창리와 예찬마을 갈림길이다. 새로 난 둘레길은 치악산 휴양림 쪽이지만,
굽이길은 금창리로 향한다. 멀리 구학산과 백운산 능선이 여인네 치마폭이다.
시인 박노해는 "올곧게 뻗은 나무보다 / 휘어자란 소나무가 더 멋있다 // 똑바
로 흘러가는 물줄기보다 / 휘청 굽이친 강줄기가 더 정답다 // 일직선으로 뚫
린 빠른 길보다 / 산 따라 물 따라 가는 길이 더 아름답다"라고 했다. 인공은 직
선이고 자연은 곡선이다.

가디골 삼거리다. 그늘 곳곳에 잔설이 남아있다. 물러나는 겨울과 다가오는
봄이 땅 밑에서 교차한다. 자연은 서서히 조금씩 바뀐다. 인간은 한 번에 모든

자연은 다투지 않고 배려하며 기다릴 줄 안다(금창리 가는 임도길).

걸 바꾸려 든다. 갑자기 억지로 바꾸면 부작용이 생긴다. 아무리 급해도 바늘 허리에 실 매어 쓸 수는 없다. 과정도 필요하고 절차도 중요하다. 자연에서 배우는 건 순리요, 기다림이다.

장작을 가지런히 쌓아놓은 농가에서 백구가 꼬리를 흔들며 뛰어나온다. 짖기는 짖는데 표정이 봄꽃이다. 부드러운 짖음. 이건 아무나 할 수 있는 게 아니다. 백구는 고수다.

금창리다. 원래 원주군 구을파면 지역이었다. 1914년 행정구역 통폐합 때 둔창과 예찬, 강안, 흑천, 금옥동을 모아 금창리가 되었다. 강씨와 안씨가 모여 산다는 강안마을을 내려오자 계곡삼거리다. 심박골이다. 유래는 두 가지다. 심씨와 박씨가 모여 살았다는 설, 심마니가 산삼을 발견하고 "심봤다"라고 외쳤다는 설이다. 이 말도 맞고 저 말도 맞다. 구전에 정답은 없다. 북쪽은 예찬마

을과 찰방망이고개, 치악산 휴양림, 남쪽은 금창리 둔창마을이다. 둔전(屯田)곡
식을 보관하던 창고가 있었다는 설, 검을 보관하던 검창(劍倉)이 둔창으로 바뀌
었다는 설이 있다. 평시에는 곡식 창고, 전시에는 검 보관창고로 쓰이지 않았
을까?

가리파재(치악재)가 지척이다. 가리파재는 신림면 금창리와 판부면 금대리를
잇는 큰 고개다. 〈원주군지〉는 "동쪽 30리에 있다. 주천과 제천 가는 길이다"라
고 했다. 고갯마루에 '성황당 유래비'와 '백운·치악산 성황계비(城隍契碑)'가 서
있다.

유래비에 따르면 원주 남부 보부상단이 1888년 성금을 모아 가리파재에 땅
을 사서 행상에게 숙식을 제공하던 식당과 숙사를 짓고 성황당도 지었다고 한
다. '성황계비' 뒷면에는 앞서 살았던 보부상 380여 명 계원 이름이 새겨져 있

가리파재 표지석

다. 연세대 이소래는 '원주시 신림면 마을 신앙 연구'에서 "2002~2006년 상반기까지는 70여 명의 계원이 있었으나 2018년 현재 20여 명에 불과하다. 1970년 당시 신입회원은 회비로 콩 한 말을 내고, 계원 과반수 이상 찬성이 있어야 가입할 수 있었다(入契者漢太一斗式)"고 했다. 이제 20여 명의 후손이 남아 보부상의 명맥을 이어가고 있다.

성황당은 싸리치와 가리파재를 넘나들던 보부상의 안녕을 빌던 곳이다. 원래 가리파재에는 백운산신(男神), 싸리치에는 치악산신(女神)을 모셔놓고 제사 지냈다. 백운산 성황당은 한국전쟁 때 불탔고 전후 다시 지었으나 새마을 운동 때 강제 철거되었다. 싸리치 성황당은 고개 밑으로 터널이 뚫리면서 옛길에 발길이 뜸해지고, 나이 먹은 보부상이 오르기 힘들어졌다. 백운산신과 치악산신 합사를 결정하고, 2010년 성황계 공동재산 일부를 처분하여 가리파재에 성황당을 새로 지었다. 내부를 세 칸으로 만들어 한 칸은 백운산신, 한 칸은 치악산신, 한 칸은 계원 모임 장소로 쓰고 있다. 3월 3일과 9월 9일에 모여 제를 지냈으나, 현재는 9월 9일에만 제를 지낸다고 한다." (국립민속박물관, 편성철 지음, 《백운 · 치악산 성황당계》 참조)

보부상(褓負商)이 누군가? 산 넘고 물 건너 조선팔도 저잣거리를 떠돌며 생필품을 공급했던 '길 위의 인생'이다. 보상(褓商 : 보따리장수)은 비단이나 화장품, 패물 같은 수공예품을 방물 고리에 담아 팔았고, 부상(負商 : 등짐장수)은 지게

보부상 눈빛이 형형하다.

를 지고 철물과 도자기, 건어물, 소금, 옹기, 곡식, 피륙 같은 공산품을 팔았다. 지게에는 밥솥과 짚신, 곰방대를 매달았고, 몸에는 누비 배자를 걸쳤다. 뱃구레에는 돈주머니를 찼고 장딴지에는 행전(行纏 : 각반)을 찼다. 손에는 작대기 겸 호신 도구인 물미장(지겟작대기)을 들었고, 머리에는 패랭이를 썼다. 신분증명서인 신표(信標)는 항상 몸에 지녔다.

《백운·치악산 성황당계》에서 금창리 김정동 선생은 "가리파재에는 1950년 초까지 보부상 숙소가 있었고 한국전쟁 때 불탔다. 규모는 '삼 칸 석집' 정도에 외양간이 5~6개 딸려 있었고 우마차를 끌던 소도 쉬어갔다. 보부상이 취급하던 물건은 비녀나 반지, 비단, 소금, 독, 키, 체, 광목, 옥양목, 소, 새우젓, 비누 등이었고, 비단을 취급하던 청나라 상인과 주전자나 양재기를 취급하던 일본 상인도 지나다녔다. 배나 철도(원주역은 1940년, 신림역은 1941년 개통)가 들어갈 수 없는 곳은 우마차를 이용해 장과 장을 옮겨 다녔고, 마을과 마을은 보부상이 지게에 물건을 지고 옮겨 다녔다. 가리파재를 넘다가 호랑이에게 물려가기도 했다. 호랑이는 사람 머리만 바위에 올려놓았고 동네 사람들이 시체를 거두어 무덤을 만들어주었다"고 했다.

금창리 이승용 선생이 보관하고 있는 '백운·치악산 성황계 문서'와 산신제 때 썼던 제의 축문에도 호랑이 이야기가 나온다.

백운산 성황의 존엄하신 신령이 험한 고개를 지키며 산신령 수신을 다스려 조화롭게 하고 화복을 유지하여 주시니 존경하여 우러러보지 않는 자가 없습니다. 정성스레 빌어 목욕재계하고 돼지고기를 저미고 술을 빚어 절하며 빕니다. 재앙이 없어지고 길조가 연이어 더해져 바라는 바가 이루어지며 농채상이 풍요로워지고(農菜桑豊登), 물건

판매이익이 늘어나게 해주십시오. 호랑이와 표범이 전염병과 함께 멀리 달아나 집집이 안심하고 풍요롭게 해주십시오.

호랑이가 어슬렁거리던 큰 고개가 가리파재였다. 봇짐장수와 등짐장수의 모습을 떠올려보자. 보부상은 민초들이 먹고 사는 일상으로 들어가 생필품을 유통하며 시대의 격랑을 헤쳐나갔던 '생활 물류의 달인들'이었다. 왕조사나 궁궐사만 역사가 아니다. 보부상 역사도 우리의 역사다. 조선 말엽 보부상 역사를 장편소설에 담아낸《객주》작가 김주영은 1999년 12월 14일 〈조선일보〉'나의 20세기'에서 "살고 싶었던 만큼 죽고 싶었던 애옥살이를 견뎌온 민초들의 생활사에서도 씻어내려 하면 오히려 부피가 커지는 맵고 짠 역사의 진국이 배어있었다"라고 했다. 보부상! 나는 그들을 역사의 '숨은 영웅들'이라 부른다.

둔창마을을 나오자 둑방길이 이어진다. 반짝이는 물 위에 고니와 청둥오리가 삼삼오오 떠다닌다. 지나간 물 위에 긴 흔적이 남아있다. 살아있는 것들은 모두 흔적을 남긴다. 나는 지나온 자리에 어떤 흔적을 남겼을까? 출렁다리를 건너자 용소막 성당이다. 용소막 성당은 강원도 유형문화재 제106호다. 5번 국도를 벗어나 지방도로 들어서면 한눈에 들어오는 그림 같은 성당이다. 우리는 건물의 겉모습만 본다. 건물은 하드웨어요, 이야기는 소프트웨어다. 용소막 성당의 오늘이 있기까지 과정을 살펴보자.

용소막은 전국각지에서 박해를 피해 온 신자가 모여 살았던 교우촌이었다. 1886년 한불수호통상조약으로 신앙의 자유가 주어지자, 1888년 횡성 풍수원 성당 초대신부로 있던 르메르(Le Merre)는 용소막에 살고 있던 교우 최도철(바르나바)을 전교 회장으로 임명했다.

웬 풍수원 성당? 그때는 원주와 신림이 모두 풍수원 성당 관할이었다. 이듬해 르메르 신부는 풍수원 성당을 제2대 정규하(아오스딩) 신부에게 인계하고 원주 원동성당 초대신부로 부임했다. 이때부터 용소막은 원동성당 관할이 되었다. 르메르 신부는 교우촌으로 있던 용소막을 공소로 승격시키고, 최도철을 다시 공소회장으로 임명하였다.

최도철은 5~6명 교우와 함께 초가 8칸으로 경당을 세우고 요셉을 주보 성인으로 모셨다. 최도철은 교우 수가 차츰 늘어나자, 르메르 신부에게 용소막을 본당으로 승격시켜 달라고 했다. 르메르 신부는 풍수원 정규하 신부와 의논하여 뮈텔 주교에게 건의하였다. 뮈텔 주교는 1904년 5월 4일 용소막을 공소에서 본당으로 승격시키고 파리외방선교회 프아요 신부를 초대신부로 임명하였다.

용소막이 교우촌에서 공소, 공소에서 본당이 되기까지 많은 사람의 노고가 있었지만, 최도철을 빼놓을 수 없다. 처음은 전례가 없다 보니 말 못 할 어려움이 많다. 산이 깊으면 골도 깊고 고통이 크면 기쁨도 크다.

1910년 프아요 신부가 서울로 가고, 용산신학교에 있던 2대 기요 신부가 내려왔다. 기요 신부는 1913년 용소막 성당 건립계획을 수립하여 뮈텔 주교의 승낙을 받았다. 1914년 기요 신부가 용산신학교로 가고, 3대 시잘레 신부가 내려왔다. 이때부터 본격적인 성당건립이 추진되었다.

시잘레 신부는 1914년 가을, 제천 묘재 학산 공소회장으로 있던 이석연의 알선으로 중국인 기술자를 고용하여 공사를 시작했다. 중국인 기술자는 고집을

용소막 성당(1915년 건립)

부렸다. 설계 도면대로 하지 않고 기둥 길이를 두 자씩 짧게 하였다. 시잘레 신부가 크게 화를 냈으나 공사는 그대로 진행되었다. 성당 지붕이 가파른 이유다. 시잘레 신부는 장마철 개천물이 불었을 때 교우들과 함께 목재를 운반하고, 흙을 빚어 벽돌을 굽는 등 몸을 아끼지 않고 정성을 쏟았다. 1915년 가을, 100평 규모의 고딕 양식 성당이 건립되었다. 성당 곳곳에는 이곳을 거쳐 간 신앙 선조들의 손길과 땀방울이 배어있다. 용소막 성당은 과거와 현재를 이어주는 징검다리요, 선조들이 남겨준 아름다운 유산이다.

용소막 성당에는 인물이 있다. 이곳에서 태어나고 자란 선종완(라우렌시오, 1915~1976) 신부다. 그는 한국인 최초로 히브리어와 아랍어 구약성경을 우리말로 번역했다. 앞마당은 그가 태어난 곳이다. 선종완은 1915년 8월 8일 선치태(라파엘)와 정치영(카타리나) 사이에서 외아들로 태어났다. 원주 봉산초등학교를 졸업하고 1931년 서울 소신학교에 입학하여 28세 되던 1942년 2월 14일 사제로 수품되었다. 1945년 5월 20일 용산신학교 교수를 거쳐 1949년 6월 28일 로마 우르바노대학교 신학과를 졸업하고, 1952년 9월 5일 가톨릭대학 교수로 되돌아왔다.

그는 1955년 9월 3일부터 선종하기 일주일 전인 1976년 7월 11일까지 21년 동안 구약성경 번역에 전념하였다. 사실 이때까지는 우리말로 된 성경이 없었다. 우리말 기도문이나 기도서를 만들었던 신부는 있었지만, 본격적인 성경 번역 작업은 엄두도 못 내던 시절이었다. 그런데 이 작업에 선종완 신부가 팔을 걷어붙이고 나선 것이다. 그동안 로마 교황청은 성경을 각 나라말로 번역하는 것을 허용하지 않았으며 1965년 제2차 바티칸 공의회 이후 각 나라말로 번역하기 시작했다. 한국은 바티칸 공의회 개최 10년 전부터 선종완 신부가 한국어 번역을 시작했던 것이다.

왼쪽은 선종완 신부, 오른쪽은 문익환 목사(〈가톨릭신문〉, 2015. 8. 16. '포토뉴스' 중에서)

선종완 신부는 왜 한국어 번역에 나서게 되었을까? "나는 성경을 파고들 줄만 알았지, 어떻게 일반 교우들에게 설명해 주고, 어떻게 생활 안에서 실천할 수 있는지 가르치지 못했다. 이제부터 성경에서 파낸 것을 모든 교우들에게 깊이 묻어 주고 싹 틔워, 교우들이 성경답게 생활하고 성경답게 마음먹고, 성경답게 행실하고, 성경에 실린 것을 원하고, 성경을 무기로 삼아 세상을 거슬러 싸울 수 있도록 신학생들에게 가르쳐 주어야겠다. 이것을 배운 새 신부들이 일선 본당에 나가서 먼저 살아가도록 해야 되겠다."(《가톨릭신문》, 2010년 1월 10일자)

1968년 한국천주교회는 제2차 바티칸 공의회 정신에 따라 개신교와 공동으로 신·구약 성경 번역 작업을 시작했다. 가톨릭에서는 선종완 신부, 개신교에서는 문익환 목사가 나섰다. 성공회 신학대 신부 김진만, 감리교 신학대 목사 이근섭, 계명대 교수 정요섭, 아동문학가 겸 수필가 이현주 목사, 당시 현실참여 시집《겨울공화국》발간으로 교사직에서 파면된 시인 양성우도 참여했다.

1977년 간행된《신·구약 공동성서》는 쉽고 아름다운 우리말을 썼고 자유로운 의역과 과감한 해석으로 주목받았다. 그러나 여러 교파와 교단으로 분리된 개신교의 요구를 충족하지 못하여 가톨릭에서만 사용했다. 시간이 지나면서 가톨릭 내부에서 성경 원문이 지닌 의미를 축소하거나 원문에서 벗어난 번역이 많다는 지적이 흘러나왔고, 독자적인 번역을 요구하는 목소리가 커졌다. 천주교 주교회의는 1988년 추계 정기총회에서 성경을 새로 번역하기로 결정했다. 번역 작업은 신학자인 고 임승필(1950~2003) 신부에게 맡겨졌다. 18년 후 2005년 3월 한국 천주교 주교회의는 춘계 정기총회에서 새 번역 성경을《가톨릭 공용 성경》으로 채택했다.

나는 《가톨릭 공용 성경》보다 읽기 쉽고 이해하기 쉬우며, 아름다운 우리말의 보고인 《신·구약 공동성서》가 더 좋다. 번역의 핵심은 어디에 초점을 맞추느냐의 문제다. 선종완 신부는 신자를 생각했고, 임승필 신부는 원문에 충실했다. 나는 지금도 《신·구약 공동성서》를 읽는다.

고 문익환 목사는 선종완 신부에 대해 이렇게 말했다. "신명기 번역 독회 때의 일이었다. 선신부는 만족한 표정으로 '이제 하느님이 한국말을 제대로 하게 되었군'이라고 말씀하셨다. 좋은 성서 번역 외에 바라는 것이 없는 사람, 선신부 말고 누가 이런 말을 할 수 있겠는가? 이 말에 담겨 있는 허심탄회하고 담담한 인품에 겸손히 머리를 숙일 따름이었다." 선종완 신부의 민초 사랑, 우리말 사랑이 느껴진다.

용소막을 나와 다리를 건넜다. 신림역이다. 1941년 7월 1일 문을 열었다. KTX 원주~제천 간 복선 전철 개통으로 80년 역사를 마감하고 2021년 1월 5일 문을 닫았다. 반곡역, 또아리굴, 치악역과 함께 일제강점기 철도노동자의 수난사가 서려 있는 곳이다. 신림역은 치악산에서 벌목한 나무를 실어내던 거점 역이었다. 이기원은 2021년 2월 1일 〈원주투데이〉 '역사 한 스푼'에서 "한국전쟁 직후 주택과 건설 자재 수요가 증가하면서 원목 가격도 폭등했다. 베어낸 나무를 쌓아둘 장소가 부족해서 역 주변은 온통 나무 천지였다. 전국에서 벌채꾼이 모여들었고, 베어낸 나무를 열차로 수송하기 위해 역장에게 뇌물을 바치는 목재상도 있었다"고 했다.

목재 창고를 덮은 담쟁이 넝쿨과 개통 때 심었다는 늙은 느티나무가 텅 빈 역사(驛舍)를 묵묵히 지켜보고 있다. "청량리 방면으로 가실 손님은 타는 곳 1번

홈으로 나오시고, 안동방면으로 가실 손님은 타는 곳 2번 홈으로 나와 주시기 바랍니다." 역 구내방송은 이제 추억이 되었다. "그냥 지나쳐 버려도 좋은 하찮은 길은 없다." 시인 라이너 마리아 릴케(1875~1926)의 말이다.

싸리치에서 단종과 궁예를 생각하다

신림은 '신이 깃든 곳'이다. 성남리에는 치악산 산신령을 모신 성황당과 성황림이 있다. 신림이란 지명도 성황림에서 유래했다. 사람들은 '신림'하면 성황림만 떠올린다. 신림을 속속들이 들여다보면 볼거리와 얘깃거리가 넘쳐난다. 강원도 사람은 알리고 자랑하는 걸 쑥스러워한다. 원주는 역사 인물과 문화유적의 보고(寶庫)다. 신림에는 단종도 있고 궁예도 있으며, 싸리치도 있고 석남사터도 있다. 가리파재도 있고 찰방망이고개도 있다. 열다섯째 구간은 신림소공원을 출발하여 싸리치를 지나 황둔 소야마을에 이르는 고즈넉한 역사문화길이다.

이른 아침 가리파재를 넘었다. 선배 친구가 운영하는 주유소다. 선배는 "무엇보다 기름값이 싸고, 몇십 년이 지나도 변함없는 친구"라고 했다. 주유소 사장은 커피 한잔하고 가라고 하며 사무실로 안내했다. "기름값이 주유소마다 다른데 무슨 기준이 있나요?", "기준은 없고 주인 마음이다. 코로나 때문에 문 닫는 주유소가 늘고 있어 걱정이다"고 했다. 민초 한 분 한 분이 시대의 주인공이다. 이들의 삶이 모이고 모여서 당대의 역사가 되고 후대의 전설이 된다.

신림은 원주목 구을파면이었다. 금창리에 큰 굴이 있어 구을파면으로 부르다가 1895년 가리파면(加里破面)이 되었다. 가리파에서 '가리'는 갈라지다는 뜻이고, '파'는 언덕이나 바위를 뜻한다. 가리파면은 금대리와 신림을 가르는 가리파재에서 따왔다. 가리파면은 1916년 신림면이 되었다. 신림이 역사 문헌에 처음 등장한 것은 고려 성종 11년(991)이다. 평구도(平丘道) 원주목에 단구역과 신림역이 나온다. 신림역이 있던 곳은 서쪽 '역골'이었다. 현재 석회석 광산이 있는 곳이다. 《조선지지자료》는 '역곡(驛谷)'이라 했다.

구한말(1897~1910) 역참(수안보 안부역)과 마방 풍경

역참(驛站)제도는 삼국시대 초기(5세기)에 시작되어, 통일신라 때 전국망이 만들어졌고 고려와 조선으로 이어졌다. 세조 1년(1455)과 세조 8년(1462) 직제와 역로 일부가 조정되었고 1895년 1월 갑오개혁으로 폐지될 때까지 유지되었다. 역은 파발, 봉수와 함께 조선시대 국가 통신망의 요체요, 근간이었다.

《여지도서》에 따르면 조선에는 전국에 41개 권역 546개 역이 있었고, 강원도는 4개 권역 82개 역이 있었다. 4개 권역은 은계도(銀溪道), 상운도(霜雲道), 평릉도(平陵道), 보안도(保安道)였다. 보안도에는 30개 역이 있었고, 원주에는 단구, 신림, 안창, 유원(우무개), 신흥(주천) 등 5개 역이 있었다. 역로는 원주~홍천~춘천, 원주~진부~횡계~강릉, 원주~평창~정선~강릉 등 3개 코스였다. 각 권역별 책임자를 찰방(察訪)이라 하였고 계급은 종6품이었다.

보안도 찰방이 넘어 다니던 고개를 '찰방망이고개(찰방치, 察訪峙)'라고 했다. 찰방치는 금창리 예찬마을에서 치악산 휴양림으로 향하는 고갯마루다. 역에는 역리(驛吏)와 역노(驛奴), 역비(驛婢), 역마(驛馬)가 있었고 역의 규모와 중요도에 따라 인원이나 말 수량에 차이가 있었다. 단구역에는 관리 35명, 노비 50명, 여종 47명, 말 10필이 있었고, 신림역에는 노비 15명, 여종 16명, 말 3필이 있었다.

찰방은 지방 수령의 동향을 관찰하여 조정에 보고하는 파견관 역할도 겸했다. 계급은 낮았지만, 지방 수령도 무시할 수 없는 끗발(?) 있는 존재였다. 다산 정약용도 한때 좌천되어 금정찰방(충청도 청양)으로 가 있었다.

신림소공원이다. 마지동(麻之洞)이다. 《조선지지자료》는 '마지골', 《한국지명총람》은 '마짓골'이다. 예전에는 종이를 만들었다고 하는데 흔적을 찾아볼 수

박정희 대통령 지하수 개발 유적 기념비(신림소공원)

없다. 신림면 출향 인사와 지역단체장, 일반 유공자가 세운 '대한민국 정부 수립 50주년 기념탑'과 1992년 신림면 주민이 세운 '박정희 대통령 지하수 개발 유적 기념비'가 서 있다.

【1963년~1964년 중부지방에 한해(旱害 : 가뭄)가 극심했을 때 식량 증산계획에 차질이 우려되어, 1964년 6월 12일 박정희 대통령이 정일권 국무총리에게 특별지시하여 신림면 소재지 앞 100m 도로변에 1정(井)에서 3정을 채정(採井)토록 하였으며 1965년 2월 21일 완공되었다. 신림2리 마지뜰 10ha가 수리안전답화(水利安全畓化)하였고 소형기계관정(小型機械灌井) 개발의 효시(嚆矢 : 처음)가 되었다.】

그때는 그랬다. 지금이야 수도꼭지만 틀면 물이 펑펑 쏟아지는 세상이 되었지만, 그때는 가물었다 하면 물 대기 전쟁이었다. 피땀 흘렸던 선조들의 모습을 떠올려본다. 굽이길은 명성수련관 뒤쪽이지만 앞쪽 삼거리에서 좌회전하면 치악산 성황림과 상원사로 이어진다. 신림의 상징인 성황림을 **빼놓고** 그냥 갈 수는 없다.

성남리 사람들은 성황림을 '신이 사는 숲'이라고 당숲이라 부른다. 당숲은 윗당숲과 아랫당숲으로 나뉜다. 아랫당숲은 1962년 12월 3일 천연기념물 제92호로 지정되었으나 1972년 물난리로 숲 절반이 사라져 지정이 해제되었다. 윗당숲에는 당집이 있고, 당 옆에는 양기를 상징하는 전나무와 음기를 상징하는 400년 된 엄나무(음나무)가 서 있다. 엄나무는 줄기와 가지에 가시가 많은 벽사목(辟邪木)이다. 복자기나무 몇 그루도 머리를 조아리고 서 있다.

성황당에서는 매년 4월 8일과 9월 9일 두 차례 제사(성황제)를 지낸다. 먼저 남신(男神)이 살고 있다는 윗당숲에서 제사를 지내고, 여신(女神)이 살고 있다는 아랫당숲으로 옮겨간다. 요즘은 4월 8일 윗당숲에서만 제사를 지낸다. 성황림은 현재 규모의 2배였는데 도로가 나면서 출입구를 중심으로 둘로 갈라졌다. 동네 사람들은 도로 건너 서쪽을 신의 영역이라 부르는데, 이곳에는 전나무를 제외하고 침엽수가 자라지 않는다고 한다.

1만 6천여 평 성황림에는 신갈나무, 갈참나무 등 50여 종 목본식물과 복수초, 꿩의 바람, 윤판나물 등 100여 종의 초본식물이 자라고 있다. 1962년 12월 31일 천연기념물 제93호로 지정되었고, 2007년 1월 국립공원 특별 보호구역으로 지정되어 2026년 12월 31일까지 출입을 막고 있다.

명성수련관 뒤편으로 고즈넉한 포장길이 이어진다. 경칩이 지나자 시냇물 소리가 점점 크게 들린다. 멀리서 닭 홰치는 소리도 들려온다. 자연의 소리는 인간에게 휴식과 위안을 준다. '소리 치유 효과'다. 농가에 토종닭이 자유롭게 돌아다닌다. 거위 한 마리도 끼어 있다. 선홍색 벼슬, 새까만 몸통의 장닭 울음소리가 깊고 우렁차다. 죽을 땐 죽더라도 저렇게 자유롭게 살다 죽으면 얼마나 좋겠는가. 감옥 같은 닭장에서 살아가는 사육장 닭을 생각해 보라. 사스와 메르스는 뭐고, 살처분은 또 뭔가? 동물 복지는 결국 인간을 위한 일이다.

혹한을 견뎌낸 나뭇가지에 연초록 물이 오른다. 초록은 고통의 긴 터널을 통과한 뭇 생명에게 주어지는 희망과 부활의 메시지다. 싸리치길로 접어든다. 원주와 강릉을 잇는 시외버스가 다니던 옛길이다. 이끼 낀 난간석을 바라보며 꼬불꼬불 옛길을 걸어간다. 문득 먼지를 흩뿌리며 울퉁불퉁한 비포장길을 덜컹대며 달려오던 완행버스가 떠오른다. 그때는 불편했지만, 여유가 있었다. 가난했지만 나눌 줄 알았다. 지금은 어떤가? 차고 넘치지만 만족할 줄 모른다. 배려할 줄 모르고 기다릴 줄 모른다.

옛길 밑으로 굴이 뚫리면서 발길이 뜸해지자 길이 숨을 쉬기 시작했다. 자연은 간섭하지 않고 내버려 두면 스스로 제 모습을 되찾는다. 현수막이 붙어 있다. 2021년 11월 21일 강원숲사랑회 회원 20여 명이 모여 '명품 길 복원 결의대회'를 열었다. 결의문에는 "매년 4회 이상 '싸리치옛길'을 걷고 사계절 다른 느낌을 SNS로 알려 좋은 길임을 홍보하며, 다양한 콘텐츠 계발로 원주 관광문화 축제로 승화시킬 수 있도록 노력한다"는 등 7개 결의문이 담겨있다. 길을 아끼고 사랑하는 단체가 많이 생겨났으면 좋겠다.

'싸리치옛길' 표지석이다. 싸리치는 궁예가 석남사를 나와 군사를 이끌고 출정하던 길이요, 어린 단종이 청령포로 향하던 통한의 유배길이다. 단종은 1493

년 음력 6월 23일 금부도사 어득해와 나졸 50명의 호송을 받으며 광나루를 떠나 '칠백 리 유배길'에 올랐다. 옛 문헌에 이동 경로가 나오는 건 아니지만 길 곳곳에 스며있는 설화를 종합해 보면 추정할 수 있다. 단종은 광나루에서 배를 타고 남한강을 거슬러 올라 일주일 만에 영월 청령포에 이르게 된다. 원주시와 영월군, 제천시가 협조하여 흥원창에서 청령포에 이르는 '단종 유배길'을 새롭게 단장했으면 좋겠다. 현재는 영월군에서 만든 '단종유배길'만 있다.

팔각정 쉼터에 화장실이 있다. 걷다 보면 여자 화장실이 문제다. 센스 있는 남자는 여자 화장실이 어디 있는지 미리 알아둔다. 화장실은 설치보다 관리가 더 어렵다. 모든 길에는 만든 자의 배려와 땀방울이 스며있다. 싸리치를 넘어오는 노부부를 만났다. "전국에 길이 많은데 왜 굽이길을 택했는지요?" 여자가 말했다. "우선 원주는 인천에서 가까워서 좋고 공기도 참 좋아요. 걷고 난 다음 1박 하고 다른 곳으로 이동하기에도 편하고." 남자가 말했다. "나는 길을 걷고 완보증을 받아서 아들과 손주한테 자랑하려고 합니다. 또 걷다 보니 곳곳에 폐사지도 있고, 흥원창도 있고, 경순왕부터 의병장까지 인물도 수두룩하더군요. 길 떠나기 전에 인터넷을 뒤져서 공부하는 재미도 쏠쏠합니다. 젊었을 때 이렇게 공부했으면 하버드 대학도 갔을 텐데……."

'건강, 자랑, 호기심.' 걷는 이유를 이렇게 분명하게 말하는 자는 처음이다. 길은 건강만 아니라 재미와 의미가 있어야 한다. 재미와 의미가 있으면 다시 찾게 된다. "관광은 심리전이다. 마음을 열면 지갑을 열게 된다. 돈벌이보다 감동을 주면 다시 찾게 된다." 춘천 남이섬 대표 강우현의 말이다.

나뭇가지에 검은 봉지가 주렁주렁 달려있다. '아프리카돼지열병(ASF) 멧돼지

기피제'다. 멧돼지만 아니라 새 피해도 만만치 않다. 조류나 멧돼지, 고라니 기피제로 '크레졸 비누 액'을 쓰고 있다. 크레졸 비누 액 중간에 구멍을 뚫어서 울타리에 달아놓으면 냄새가 새어나가 새나 멧돼지가 접근하지 않는다고 한다. 어떤 농부는 개를 풀어놓고 멧돼지가 내려오는 소리가 나면 달려나가 소리를 지르거나 한밤중에 순찰을 돌고 있다고 한다. 산 짐승도 죽기 살기로 살고 있다. 산과 숲은 최대한 남겨 두어야 한다. 산과 숲이 사라지면 질병이 창궐한다.

싸리치 정상이다. 기념비가 서 있다. 옛길 복원 경과가 나와 있다. 1990년 싸리치 밑으로 신림과 황둔을 잇는 굴이 뚫리면서 방치되어 있던 옛길을 2002년 신림지역 유지들이 뜻을 모아 길을 복원하고 비석을 세웠다.

【신림~황둔 옛길은 1990년 4월 2차선 도로가 다른 곳으로 포장된 이후 폐도(廢道)되었다. 조선 단종 대왕이 유배 때 이길 따라 넘었다는 전설이 구전되고 있다. 영월 출

싸리치 정상의 기념비

신 김삿갓 등 많은 이들이 한양 길 넘나들던 소롯길이다. 1910년 한일병합 이후 일본인이 측량하여 만든 영월~원주 간 유일한 신작로였고, 신림 사람들이 싸리꿀을 채밀하고 싸리비, 땔감 등을 이곳에서 준비하였던 애환이 서린 도로다. 도로에 나무만 무성하였다……. 2002년 9월 옛길을 새로 단장하고 기념비를 세우다.】

팔각정 앞에 갤로퍼가 섰다. 50대 남자가 차창을 열고 인사를 한다. 껌 두 개를 건네준다. "포항에서 제천에 일 때문에 왔다가 지난주 신림에서 섬안이(서마니)까지 걷고, 오늘은 차를 몰고 횡성 강림 태종대까지 간다. 여러 곳을 다녀봤지만, 원주 굽이길이 최고다. 앞으로 1년 정도 더 있을 예정인데 치악산 둘레길까지 모두 걸어보려 한다." 외지 사람도 손꼽는 원주 길이다. 이럴 땐 어깨가 으쓱하고 가슴이 뿌듯해진다. 농가에서 백구 한 마리가 꼬리치며 달려 나와 뒤돌아보며 앞장선다. 백구는 길 안내를 사명으로 여긴 듯했다. 석기동(石基洞) 갈림길에서 마치 제 할 일을 다 한 듯 부리나케 돌아갔다. 백구를 보며 또 한 수 배운다.

싸리치를 넘으며 문득 역사 인물 한 사람이 생각난다. 후삼국시대를 열었던 궁예다. 892년 궁예는 신림면 성남2리 절골 석남사(석남사)에서 삼국통일의 꿈을 안고 절문을 나섰다. 궁예는 석남사를 나와 군사를 이끌고 싸리치를 넘었다. 석남사와 싸리치는 궁예에겐 잊지 못할 첫사랑 같은 곳이다.

궁예는 신라 헌안왕 또는 경문왕 아들로 추정된다. 10살 무렵 영월 '세달사[6]'

....

6) 세달사 : 고려 때 흥교사(興敎寺)로 개칭했다. 조선 중종 25년(1530) 《신증동국여지승람》에는 "영월 태화산 서쪽에 흥교사가 있다"고 했다. 흥교분교는 1998년 폐교되었다.

로 출가하여 중이 되었다. 궁예는 예사 중이 아니었다. 《삼국사기》는 "승려의 계율에 구애받지 않는 뱃심이 있었다. 어느 날 제를 올리러 가는 길에 까마귀가 나뭇가지를 물고 와서 궁예의 바리때에 떨어뜨렸는데, 왕이라는 글자가 쓰여 있었다. 궁예는 아무에게도 이 말을 하지 않고, 마음속에 품고 살았다. 일찍이 이렇게 왕의 꿈이 심어졌다"라고 했다. 이후 20여 년 세달사에 머물면서 당시 명주 관할이었던 울오(鬱烏, 평창), 내성(奈城, 영월), 어진(御珍, 울진), 명주(冥州, 강릉) 등지를 오가며 꿈을 키웠다.

  신라 하대 귀족의 부패와 사치가 극에 달하고 곳곳에서 민란이 일어나자, 궁예는 삼국통일의 꿈을 펼칠 때가 다가왔다고 생각하고 절을 뛰쳐나와 허월, 은부, 종간과 함께 죽주(안성) 초적 기훤(箕萱) 수하로 들어갔다. 《삼국사기》'궁예열전'은 "신라 말기에 정치가 거칠어지고 백성이 흩어져 서라벌 바깥 고을은 반란을 일으키거나 지지하는 자가 반반이었다. 가깝고 먼 곳에서 도적의 무리가 벌떼처럼 일어나고 개미처럼 모여드는 것을 보고 선종(궁예)은 어지러울 때를 타서 백성을 모으면 가히 뜻을 얻을 수 있으리라 생각하고 진성여왕 9년(891) 죽주적괴(竹州賊魁) 기훤에게 몸을 맡겼다"고 했다.

  기훤은 오만했고 궁예를 홀대했다. 궁예는 북원(원주) 초적 양길(梁吉)을 찾아갔다. 《삼국사기》 11권 '기훤전'에는 "북원의 도적 양길이 강성하자, 궁예는 자진하여 그의 휘하로 들어갔다"고 했다. 양길은 궁예를 우대했다. 궁예에게 군사를 주어 동쪽 신라 영토를 공략하게 하였다. 《삼국사기》'궁예전'은 "궁예는 치악산 석남사에 있으면서 주천, 내성, 울오, 어진 등의 고을을 습격하여 모두 항복시켰다"고 했고, 《삼국사기》'신라본기'에는 "5년 겨울 10월 북원 도적 두목 양길이 부하 궁예에게 기병 백여 명을 주어 북원 동쪽 부락과 명주 관내 주천 등 10여 군현을 습격하게 하였다"고 했다.

궁예가 군사를 이끌고 출정했던 곳이 바로 석남사(石南寺)다. 성황림 앞은 궁예가 지나간 길이다. 궁예가 우두머리로 올라섰다. 《삼국사기》에는 "궁예가 절문(치악산 석남사)을 나온 지 3년 만에(894년) 강릉을 거점으로 무려 3천5백 명 대군을 편성하였다. 사졸과 함께 고생하며, 주거나 빼앗는 일에 이르기까지 공평무사하였다"고 했다. 궁예는 이후 양양, 저족(猪足 : 인제), 양구, 화천, 춘천, 부약(負約 : 김화), 금성, 철원에 이르렀다. 궁예가 짧은 기간에 세력을 크게 키운 배경에는 승려로 있었던 지난 20여 년 영월 세달사와 원주 석남사를 중심으로 사원세력과 긴밀한 관계를 유지해온 덕분이 아닐까?

양길은 궁예의 힘을 꺾어놓아야겠다고 생각했다. 선수를 친 것은 궁예였다. 《삼국사기》 '궁예전'에는 "태조(왕건)가 송악군(개성)에서 궁예한테 가서 의탁하니 한 번에 철원군 태수를 제수하였다. 양길은 원주에 있으면서 30여 성을 빼앗아 소유하고 있었는데 궁예 지역이 넓고 백성이 많다는 말을 듣고 크게 노하여 30여 성의 강병으로 궁예를 습격하려 하였으나, 궁예가 기미를 알아채고 먼저 양길을 쳐서 크게 격파하였다"고 했다.

궁예와 양길이 맞붙은 전투가 바로 899년 7월 경기도 가평 비뇌성 전투였다. 궁예는 주군이었던 양길을 물리치고 여세를 몰아 부하 왕건에게 군사를 주어 원주로 보냈다. 원주 호족 원극유는 양길과 동맹 관계였던 견훤에게 긴급 지원을 요청했다. 견훤은 무진주(광주)에서 군사를 이끌고 문막으로 올라왔다.

899년 9월부터 이듬해 4월까지 문막평야를 사이에 두고 남진과 북진을 결정지을 큰 싸움이 벌어졌다. 일명 '문막 전투'다. 견훤은 견훤산성(문막 후용리)에 진을 쳤고, 왕건은 건등산에 진을 쳤다. 왕건은 지혜로웠다.

왕건은 견훤산성으로 가는 보급로를 막고 고사 작전에 들어갔다. 산성 안에 식량이 떨어지면서 굶주리는 군사가 늘어났다. 왕건은 취병산을 휘감아 도는 섬강물을 막았다가 석회를 풀어 일시에 내려보냈다. 굶주렸던 군사들은 쌀뜨물인 줄 알고 먹고 하나둘 쓰러졌다. 7개월여 밀고 당겼던 문막 전투는 왕건의 승리로 끝났다(역사서에는 문막 전투가 있었고 왕건이 이겼다는 기록만 있다. 이 내용은 구전과 당시 상황 등을 감안하여 스토리로 엮은 것이다).

패한 견훤은 완산주(전주)로 내려가 후백제(900년)를 세웠고, 이듬해(901년) 궁예는 송악(개성)에 후고구려를 세웠다. 궁예는 말했다. "이전에 신라가 당나라에 청병하여 고구려를 격파하였기 때문에, 평양의 옛 서울이 황폐하여 풀만 성하게 되었으니, 내가 반드시 그 원수를 갚겠다." 원주 문막 싸움은 본격적인 후삼국시대의 시작을 알리는 신호탄이었다.

궁예는 미륵보살을 자처하며 904년 도읍을 철원으로 옮겼다. 국호를 마진(摩震)이라 하고 연호를 무태(武泰)라 하였다. 신라를 멸도(滅道)로 부르게 하고, 신라에서 오는 사람은 모조리 죽였다. 911년 국호를 태봉(泰封), 연호를 수덕만세(水德萬歲)라 고쳤다.

궁예는 미륵보살을 자처했고 관심법으로 가족과 측근을 죽였다. 부인 강씨가 "왕이 옳지 못한 일을 많이 한다"고 하자, "네가 다른 놈과 간통하니 웬일이냐? 나는 신통력으로 네 마음을 꿰뚫어 보고 있다"라고 하며 불로 쇠몽둥이를 달궈

음부를 쑤셔 죽였다. 이어서 두 아들까지 죽였다. 왕건(王建)에게도 반역을 모의하였다고 으박질렀다. 분위기를 알아챈 왕건이 무릎을 꿇자, 궁예는 칭찬하며, 금은으로 장식한 안장과 고삐를 내려 주었다. 승려도 죽였다. 궁예가 불경 20여 권을 짓고 떠벌리자, 석총이 "요사스럽고 괴이한 이야기다"라고 했다. 그러자 철퇴로 쳐 죽였다. 궁예는 사치스러웠다.《고려사》는 "국토는 황폐해졌는데 궁궐만 크게 지어 원망과 비난이 일어났다"라고 했다.

이때 왕건이 등장했다. 918년 6월 홍유, 배현경, 신숭겸, 복지겸이 왕건을 찾아갔다.《삼국사기》는 "궁궐 앞에서 왕건을 기다리는 자가 1만여 명을 넘었다"고 했다. 쿠데타는 성공했다.

궁예의 최후는 어땠을까.《삼국사기》는 "삼악산에서 3km 도성을 쌓고 패하여 도주했다. 다시 철원 명성산에서 패하여 평강으로 사복을 입고 도망가다가 죽었다"고 했다.《고려사》는 "암곡으로 도망쳐 이틀 밤을 머물렀는데 굶주림이 심하여 보리 이삭을 몰래 끓여 먹다가 평강 백성에게 붙잡혀 죽었다"라고 했다. 아무리 그래도 일국의 왕으로 천하를 쥐락펴락했던 궁예였는데 그렇게 죽었을 리가 있겠는가? 육당 최남선은 궁예 묘가 있는 삼방협(평강과 안변 사이 협곡)에서 떠도는 구비전설을 모아《풍악기유(楓嶽紀遊)》를 펴냈다. 그는 "구레왕(궁예)이 재도(再圖)할 땅을 둘러보는데 어떤 스님이 나타나 궁예가 '혹시 용잠호장(龍潛虎藏)할 땅이 없겠느냐?'고 묻자, '스님은 이 병목 같은 곳에 들어와 살길을 찾는 것이 어리석다'고 했다. 이 말을 듣고 궁예는 '천지망아(天之忘我)'라고 하며 물속에 몸을 던졌다. 궁예는 독존신(獨尊神)이 되었다'라고 했다.

운악산과 명성산은 왕건에게 쫓긴 궁예가 숨어있던 곳이다. 명성산(鳴聲山)은 궁예의 죽음을 애달파하며 산새들이 울었다는 전설이 있고, 왕건과 대치하며 여우처럼 엿보았다는 여우고개, 궁예 군사 200명이 들어갔다는 궁예동굴, 궁예가 운세와 국운을 점치려고 소경과 점쟁이를 불렀다는 소경절터, 궁예와 왕건이 투석전을 벌였다는 화평장터, 궁예 군사 피가 흘렀다는 피나무골이 있다. 궁예가 금학산(947m)에 도읍을 정했더라면 300년은 더 갔을 텐데, 고암산(780m)에 도읍을 정해 망했다는 말도 있다.

궁예의 태봉국 도성은 철원 풍천원 들판 남방한계선과 북방한계선 사이에 있다. 김부식은《삼국사기》에서 궁예와 견훤에 대해 이렇게 썼다. "신라가 운수가 다하고 도가 사라져 백성이 돌아갈 바가 없었다. 뭇 도적이 고슴도치 털처럼 나타났다. 가장 악독한 자가 궁예와 견훤 두 사람이었다. 궁예는 신라의 왕자였지만, 도리어 신라를 원수 삼아 멸망시키려 했으니 어질지 못함이 심했다."('궁예, 후고구려를 세운 영웅인가? 악한 군주의 표상인가?' 네이버 인물한국사, 고운기·장선환·이기환 기자의《흔적의 역사》등 참조)

궁예에게 석남사는 첫사랑 같은 곳이었다. 원주는 삼국통일의 주역이었던 왕건, 견훤, 궁예가 머무르며 인연을 맺었던 곳이다. 신라 경순왕과 고려 공양왕도 있으니 가히 역사의 고장이라고 해도 지나친 말이 아니다. 석남사터 발굴에 나섰던 전 원주시립박물관장 박종수는 "한국 중세는 초적 양길과 초적에 의탁했던 궁예로부터 비롯되었다"라고 했다.

석기동(石基洞) 삼거리다. 석기동은 싸리치터널 북쪽 골짜기 마을이다.《조선지지자료》에는 '셕으셕동(石義石洞)',《한국지명총람》에는 '썩은샛골(石基洞)'이라 하였다. 옛날 석씨 성을 가진 선비가 숨어 살았다고 '석은사골'이라고 하였는데

'석은사골'이 변음하여 '썩은샛골'이 되었다고 한다. 돌 관련 전설이 있으려니 했는데 착각이었다. 잘못 표기된 한자 지명을 아름다운 우리말로 바꾸는 작업이 필요하다.

삼거리를 지나자 긴 임도가 이어진다. 화전민 터에 낙엽송 군락이 이어진다. 정부의 에너지정책과 산림녹화사업이 만들어낸 결실이다. 정부 정책은 당장은 욕을 먹고 비판을 받더라도, 미래를 생각해야 한다.

딱따구리 소리가 점점 크게 들린다. 땅이 녹기 시작하면서 임도 곳곳이 질척인다. 이끼 낀 돌무더기가 눈에 띈다. 화전민 집터다. 먹을 것도 없고 입을 것도 없던 시절 산으로 들어와 약초 캐고 나물 뜯어 먹고 살던 화전민은 경제개발 바람을 타고 도시로 갔다. 이제 그들의 시간은 한 장의 빛바랜 흑백사진 속에 남아있다. 화전민의 추억이다.

잔돌이 굴러떨어진다. 낙석이다. 위험하다. 빠르게 길을 헤쳤다. 임도는 이른 봄보다 가을이 제격이다. 원주시 산악자전거 안내판이 서 있다. 속도를 내며 스릴을 즐길 수 있는 다운 힐 코스부터 선수 선발과 훈련을 진행할 수 있는 엘리트 코스(XC)까지 5개 코스가 있다. 전국 유일 산악자전거 복합테마파크다.

멀리 감악산 위로 산림청 헬기가 물주머니를 달고 날아간다. 3, 4월은 산불조심 기간이다. 자나 깨나 불조심이다. 산불은 한 번 나면 회복하는 데 오랜 시간이 걸린다. 국립산림과학원이 강원도 산불피해 복원지 생태계 변화를 20년간 모니터링한 결과 "개미는 13년, 새는 19년, 야생동물은 35년, 토양은 100년 걸려야 복구된다"고 했다. 산불 조심! 아무리 강조해도 지나치지 않다.

싸리치 너머 황둔 가는 길(원주시 걷기여행길안내센터 제공)

자작나무를 테이프로 꽁꽁 묶어 놓았다. 테이프를 풀었다. 나무도 보고 듣고 느낄 줄 안다고 한다. 무슨 일이든 '대충대충' 하면 대충대충 인생밖에 되지 않는다. 모든 성공은 보이지 않는 곳에서 작은 일 하나에도 최선을 다한 결과다. 콩 심은 데 콩 나고 팥 심은 데 팥 난다.

임도가 끝났다. 계곡 물소리를 들으며 포장도로를 내려오니, 피노키오 오토캠핑장이다. 계곡물이 맑고 차다. 얼굴을 씻고 따사로운 봄볕을 받으니 온몸이 박하사탕이다. 소야마을 산비탈에 태양광이 번쩍인다. 신림 사는 신화백은 "주인이 애면글면하며 다 만들어놓고 병이 나서 죽었다"고 했다. 삶은 하루하루 순간순간의 모자이크다. 안도현 시인은 '가을의 소원'에서 "아무 이유 없이 걷고, 가끔 소낙비 흠씬 맞고, 울다가 잠자리처럼 임종하는 것"이라고 했다. 우리는 모두 길 위의 순례자요, 나그네다. 속상해도 걷고, 답답해도 걷고, 기분 좋아도 걷자. 걷다 보면 풀리고 풀리면 밝아진다. 삶은 '카르페 디엠(Carpe diem)'이다.

황둔에 가면 찐빵이 먹고 싶다

모든 이름에는 소망이 담겨있다. 구멍가게 이름 하나 짓는데도 몇 날 며칠 고민한다. 하물며 길 이름이야. '황둔쌀찐빵길'에는 찐빵이 많이 팔려서 부자가 되었으면 하는 소망이 담겨있다. 황둔을 몇 번이나 다녀갔지만, 찐빵 가게를 지나쳤다. 처음으로 찐빵 가게에 들러 쌀 찐빵을 샀다. 찐빵을 닮아 푸근하고 넉넉한 가게 주인이 말했다. "코로나니 뭐니 해도 찐빵 사러 오는 사람이 많아요. 횡성 사람도 우리 가게를 찾아옵니다. 원주에 걷는 길이 생기면서 빵 찾는 사람이 많이 늘었어요." 사근사근한 부인이 밀크커피 한잔을 빼 주며 "맛이 어떠냐?"고 물었다. 엄지 척을 내밀며 흐뭇한 마음으로 찐빵 한 박스를 실었다. 찐빵 종류는 쌀, 흑미, 잡곡, 검은깨, 단호박, 고구마, 옥수수, 쑥, 백년초 등 다양하다.

황둔 쌀 찐빵

황둔(黃屯)은 신림동 쪽에 있다. 원래 원주군(原州郡) 가리파면(加里坡面) 오리(五里)였으나, 1914년 물안골과 소야, 신목정, 재사동, 창골, 샘골, 청룡, 평촌을 모아 황둔리(黃屯里)가 되었다. 황둔천 옆으로 마을이 길게 늘어섰는데, '늘어섰다'의 '늘어'가 '누르'가 되고 '누르'를 한자로 표기하면서 누루 '황(黃)'이 되었다. 황둔리는 '길게 늘어진 둔덕마을'이란 뜻이다. 이름은 한 번 지으면 고치기 어렵다. 지명에도 운명이 있다.

소야마을 버스정류장이다. 가까운 곳에 칼국수 집이 있다. 신림 사는 화백이 "여기는 내 지역구"라며 한턱낸 적이 있어 낯익은 곳이다. 그는 동양화가, 부인은 서양화가다. 함께 걸으면서 그에게 동양화 보는 법을 배운 적이 있다. 까막눈이 개명한 듯했다. 배움은 끝이 없다.

소야(小野)마을은 '소야골(小野谷)', 소학동(巢鶴洞, 쐬골)'이라 하였다. '소 죽은

골(쇠중골)'이 있는 거로 보아 '소골'의 '소'를 음차하여 '소야(小野)'가 된 것으로 추정한다. 황새가 많이 살았다고 '새골, 쇠골'인데 음차하여 '소야(小野)'가 되었다는 설도 있다. 마을 지명 유래를 찾다 보면 고개가 끄덕여질 때도 있지만 가슴이 답답하다. 누구는 "돈 나오는 일도 아닌데 대충 살면 되지 뭘 그렇게 피곤하게 꼬치꼬치 따지느냐?"고 한다. 돈이냐, 보람이냐? 우리는 늘 선택의 기로에 선다.

황둔천 둑길이 이어진다. 황둔초등학교 입구 신목정(新木亭)이다. 신배나무(돌배나무) 정자가 있었고, 숲과 주막도 있었다고 한다. 청룡·오미마을이 갈린다. 청룡(靑龍)은 신목정 남동쪽, 오미저수지 북쪽 아래 마을이다. 마을 앞산이 용머리 모양을 하고 있다고 청룡이다. 산봉우리가 마을 입구를 감싸고 있어 바람이 불어도 피해가 없다고 한다. 오미저수지(五味貯水池)는 석기암과 용두산 사이 오미천 물을 모아 샛말과 청룡 들판에 물을 댄다. 일명 '황둔저수지'다. 황둔과 오미리(제천시 송학면)는 행정구역만 달랐지 한 동네나 마찬가지다. 천주교 박해 시절 교우촌을 이루며 사돈을 맺은 집이 많았다고 한다.

황둔초등학교를 지나자 중골길이다. 골짜기에 '큰 심방골', '작은 심방골'이 있다. '심방골'은 승방(僧房)골'이 변음되었다. 중(스님)이 살았다고 붙여진 이름이다. 동네 사람들은 중골이라고 한다. 중골 농가에 1970년대 옛집과 2000년대 새집이 붙어 있다. 동네 할머니에게 물었더니 "옛집에는 할멈이 살고, 새집에는 아들과 며느리가 산다"고 했다. 사람과 건물의 아름다운 조화다.

소 키우는 집이다. 어미 소와 송아지가 소집(牛舍) 울타리에 다가와 큰 눈을 굴리며 코를 내민다. 눈을 마주쳤다. 평생 좁은 울타리에 갇혀 지내다 죽어야 할 슬픈 운명이다.

중골 따라 오르다가 고추밭에 거름을 뿌리고 있는 심씨를 만났다. "몇 평이나 되는지요?", "천 평입니다. 지난해는 병충해가 많아서 고추 농사가 흉작이었지만 값이 좋았어요. 한 근에 2만 원 받았는데, 평당 한 근 나오기 어려워요. 우사에 소를 일곱 마리 키웠는데 마리당 300~350만 원 받았어요. 소를 팔고 나니 값이 오르는 거예요. 소나 고추나 장사꾼만 돈을 벌지 농사꾼은 남는 게 없어요." 다시 물었다. "그래도 저 아랫집에는 비싼 외제 차가 있던데요?", "아! 그거 전부 빚내서 샀어요. 찻값만 1억 5천만 원한다는데, 요즘은 찻값의 10분의 1만 있어도 살 수 있다고 합디다. 얼마 전에는 그 사람이 놀러 와서 담배 한 개비만 달라고 해서 일부러 안 줬어요. 우리 아들 말처럼 요즘은 현금이 있어야지 실속도 없이 폼만 잡으면 누가 알아주나요. 나는 7백만 원 주고 트럭 사서 농사짓고 시내 볼일 보러 갈 때 끌고 갑니다. 사람은 분수를 알고 처지에 맞게 살아야 해요……. 세상이 시끄러운 건 자기 분수를 모르기 때문에 그러는 거요."

중골 농부 심씨는 세상 돌아가는 이치를 두루 꿰고 있었다. 나는 책보다 길 위에서 배우는 게 더 많다. 분수란 말이 여운으로 남는다. 나는 과연 분수를 지키며 살고 있을까?

긴 오르막을 한 발 한 발 올라가자 창고가 부서지고 잡풀이 우거진 펜션이 나타난다. 도시에서 내려와 집 짓고 살다가 돌아간 게 분명하다. 산속에 들어와 '자연인'처럼 살고 싶겠지만 그건 아무나 하는 게 아니다. 아는 사람 하나 없는 산속에서 혼자 사는 건 쉽지 않다. 이상과 현실은 다르다. 새소리 물소리 들으며 약초 캐고, 물고기 잡아서 매운탕 끓여 먹고, 마당에서 별을 보며 삼겹살 구워 먹는 건 '나는 자연인이다'에서나 볼 수 있다. 시골이나 산중 생활은 몸을 부지런히 움직이고 규칙적인 생활을 하지 않으면 견뎌내기 힘들다.

산속 휴양소 같은 하얀 펜션을 우회하자 긴 오르막이다. 노란 생강나무꽃이 앙증맞게 피었다. 바람은 차지만 산속에도 봄이 왔다.

회봉산(回峰山) 갈림길이다. 일명 초치(初峙, 610m)다. 영월 무릉도원면 두산리 뱀골과 황정골을 지나 횡성군 강림면 태종대를 잇는 첫째 고개다. 둘째 고개는 중치요, 마지막 고개는 말치다. 황둔 사람들이 횡성 안흥 장을 오가던 옛길이었다. 지금은 치악산 둘레길이 되었다.

굽이길과 겹치는 치악산 둘레길로 들어섰다. 넓고 편한 길이다. 자작나무 숲길이 이어진다. "원주에도 인제 자작나무 숲길에 버금가는 곳이 있다"고 했던 원주시 관광개발과 홍성찬 주무관이 생각난다. 그는 원주 굽이길과 치악산 둘레길 개척의 주역이다. 좋아서 하는 일은 아무리 힘들어도 신이 난다. 홍성찬이 그런 사람이다. 고도를 높이자, 감악산과 치악산 능선이 한눈에 들어온다. 회봉산 줄기를 향해 길게 뻗은 골안골 임도를 지나자 서마니 등산로다.

서마니 계곡은 얼음과 봄꽃이 공존한다. 자작나무 물통이 군데군데 눈에 띈다. 나무마다 주렁주렁 매달아 놓았다. 몸에 좋다면 무슨 수를 써서라도 구해 먹는 자가 있다. 뭐든지 지나침은 모자람만 못하다.

사주명리학자 조용헌은 2021년 3월 22일자 〈조선일보〉 칼럼에서 "LG 구본무도 70대 초반에 갔고, 한진 조양호도 70에 갔고, 삼성 이건희도 70대 초반에

고로쇠 수액을 받고 있는 물통

식물인간이 되었다……. 몸에 좋다는 것은 다 구해서 먹었을 텐데 그럼에도 불구하고 빨리 간 것은 그만큼 보통 사람보다 훨씬 시달리며 살았다는 방증 아니겠는가?"라고 했다. 아무리 좋은 음식을 먹어도 마음이 불편하면 소용없다. 선조들은 소언(小言), 소사(小思), 소식(小食)이 건강 비결이라고 했고, 허준은 《동의보감》에서 "약보(藥補)보다 식보(食補)가 낫고, 식보보다 행보(行補)가 낫다"고 했다. 적게 먹고 많이 걷는 게 건강 비결이다.

서마니 계곡 입구다. 산기슭을 깎아 집을 짓고 있다. 어디든지 경치 좋은 곳은 남아나지 않는다. 계곡 진입로에 길을 막고 줄을 쳤다. 사유지 통행 금지다. 왜 이렇게 여유가 없을까? 어쩌다가 이렇게 되었을까? '빨리빨리' 덕분에 인터넷과 모바일 강국이 되었지만, 더불어 사는 삶을 잃어버렸다. 걸으면서 배우는 건 친절과 여유와 배려다.

명징한 계곡 물소리에 잠시 어두웠던 마음이 사라진다. 살랑살랑 봄바람을 맞으며 송계교로 들어섰다. 송계리 동쪽은 주천면과 닿아있고, 북쪽은 무릉도원면과 닿아있다. 송계리는 가리파면(加里波面) 육리(六里)였다. 1914년 계야와 도룡, 삼거리, 삼송, 유치, 회봉산, 후동을 통합하였고, 지명은 삼송(三松)의 '송'과 계야(桂野)의 '계'를 따서 송계리(松桂里)라 하였다.

계야는 송계리에서 가장 큰 마을이다. 옛날에 기와를 많이 구웠다고 '기와'의 방언인 '개와'로 부르다가 '개야'를 거쳐 '계야'가 되었다. 마을에 계수나무가 많아 '계야'라고 불렀다는 말도 있다. 둑길 따라 서마니강이 이어진다. '서마니강'은 '섬안이강'이다. 강 건너는 영월군 무릉도원면 도원리 섬안마을이다. 강이 마을을 감싸고 돌아나가는 모습이 마치 섬 안쪽에 있는 것 같다고 '섬안이'다. '섬안이' 얼마나 아름다운 우리말인가. 마치 반짝이는 옥구슬을 보는 듯하다. 황둔까지 이어지는 4km 둑길은 봄철이 제격이다. 홀로 걸어도 좋고 도란도란 걸어도 좋다.

황둔초등학교 입구다. 교훈을 새긴 큰 비석이 있다. 생각 없이 다닐 때는 보이지 않았는데 자세히 보니 보인다. 아! 이건 아이들만 아니라 어른도 새겨들어야 한다. 평생 이렇게 산다면 후회 없이 죽을 것 같다. '즐겁게, 열심히, 끝까지.'

참고문헌

1. 《우리 산하에 인문학을 입히다》 1 · 2 · 3권, 홍인희, 2013, 교보문고

2. '사람과 자연이 만나는 천 리 도보여행', 2017. 11. 28., 〈연합뉴스〉

3. 《영혼의 디딤돌》, 《콩나물에 뿌린 물빛 사랑》, 《나는 허수아비》, 박건호

4. 《오선지 밖으로 튀어나온 이야기》, 《그리운 것은 오래전에 떠났다》, 박건호

5. 《조선상고사 1 · 2》, 신채호, 1986, 일신서적공사

6. 연세대 교수 배현자 '인문학 특강', 2020. 6. 30., 원주 중천철학도서관

7. 〈MBC 강원영동방송〉 '역사 토크 시간여행' 26회, '조엄 고구마에 담긴 애민정신', 홍인희 교수 등,

   2015. 9. 19.

8. 《근원의 땅 원주 그림순례》, pp.330~337, 이호신, 2017, 뜨란

9. 《다산독본》 1 · 2권, 정민, 2019, 천년의상상

10. '원주얼 시민강좌', 2020. 6. 25., 원주얼교육관

11. '원주얼 인문학 심화 과정', 2020. 11. 18. 원주얼교육관

12. '흥원창과 원주 3대 사찰지', 원주얼교육관

13. 《정약용과 그의 형제들》 1 · 2권, 이덕일, 2012, 다산초당

14. 《호모 비아토르의 독서 노트》, 이석연, 2015, 와이즈베리

15. 《정약용의 고해》, 신창호, 2016, 추수밭

16. '논객 닷컴' 우리 문화 이야기(김희태), '꼭꼭 숨어있는 원주 태실을 찾아서'

17. 《역사란 무엇인가》, 에드워드 카, 2015, 까치

18. '원주시 지명유래'(1999), 《원주지명편람》 상 · 중 · 하, 원주역사박물관

19. '원주원성 향토지'(1975), 《원주시사(1999)》, 2000

20. '원주의 향토 인물'(원주시), 《원주군연감》, 1990

21. '조용헌 살롱'(1289), 2021. 3. 22., 〈조선일보〉, '재벌 회장 팔자'

22. 《뜻으로 본 한국 역사》, 함석헌, 1975, 제일출판사

23. 《박경리의 말》, 김연숙, 2020, 천년의상상

24. '연세대 특강 모음집(박경리)', 토지문학공원 전시관 자료

25. 《문학을 사랑하는 젊은이에게》, 박경리, 2003, 현대문학

26. 《조선관리, 먹거리 혁명에 뛰어들다》, 전경일, 2017, 다빈치북스

27. 《나의 문화유산답사기》 8권 남한강편, 유홍준, 2015, 창비

28. 《육식의 종말》, 제레미 리프킨, 2002, 시공사

29. 《고산자》, pp.229~230, 박범신, 2009, 문학동네

30. 《강원도 원주 동학농민혁명》, 조규태 · 조성환 외 3명, 2019, 모시는사람들

31. 《얼굴, 사람과 역사를 기록하다》, 배한철, 2016, 생각정거장

32. 《한국의 풍수지리》, p.92, 최창조, 2008, 민음사

33. 《천재 허균》, 신정일, 2020, 상상출판

34. 《관동대로》, pp.94~134, 신정일, 2008, 휴머니스트

35. 《한 권으로 읽는 고려왕조실록》, 박영규, 2004, 웅진닷컴

36. 《흑산》, pp.16~17, 140, 김훈, 2011, 학고재

37. 《김경집의 통찰력 강의》, pp.157~159, 김경집, 2018, 동아시아

38. 《백운 · 치악산 성황당계》, 편성철, 국립박물관

39. 《매국노 고종》, 박종인, 2020, 와이즈맵

40. 《은둔기계》, 김홍중, 2020, 문학동네

41. 〈데일리 월간조선〉 뉴스룸(2006년 12월호) : '18년 만에 탄생한 가톨릭 새성경'

42. 《역사가 당신을 강하게 만든다》, pp.197~201, 최중경, 한울(한울아카데미)

43. 〈원주 KBS〉, 홍인희 교수 인터뷰(2020. 12. 25.) : 인열왕후

44. 《택리지》, 이중환 지음 · 이익성 옮김, 2006, 을유문화사

45. 《역사와 어원을 찾아 떠나는 우리 땅 이야기》, 최재용, 2015, 21세기북스

46. 《철도원 삼대》, 황석영, 2020, 창비

47. 《땅의 역사》 1 · 2권, 박종인, 2018, 상상출판

48. 《뮈텔 주교일기》 4권, 한국교회사연구소, 2008, 한국교회사연구소

49. 《한국천주교회사》 상 · 중 · 하, 샤를르 달레 신부, 1980, 한국교회사연구소

50. 《역사의 땅 배움의 땅 배론》, 배은하 신부, 2002, 바오로딸

51. 《용소막 본당 100년사》, 천주교 원주교구 용소막교회

52. 《너는 주추놓고 나는 세우고》, 최양업, 1858. 10., 3자 서한

53. 〈가톨릭신문〉(2010. 1. 10.) : 사제의 사제, 선종완 신부

54. 《말씀으로 산 사제》, 선종완, 1984, 성모영보수녀회

55. 〈평화방송〉(2007. 3. 11.) : 믿음의 고향을 찾아서, 자랑스런 신앙유산(2)

56. 천주교 원주교구 〈들빛〉 주보(2020. 9. 13.)

57. 〈월간조선〉 2001년 6월호 : 동양철학자 김충렬 인터뷰

58. 《이상훈의 중국 수다》, 이상훈, 2021, 올림

59. 네이버 인물한국사 '흔적의 역사 궁예'(고운기 · 장성환 · 이기환)

60. 〈조선일보〉(2020. 8. 7.) : 생태학자 최재천 칼럼

61. 〈조선일보〉(2020. 2. 13.) : 아파트 이름에 대하여

62. 〈행복원주〉(2020. 9 · 10 · 11 · 12월)

63. 〈행복원주〉(2021. 2 · 3 · 4월)

64. 〈원주투데이〉(2020. 9. 7.) : 박경리 배우자 김행도 독립유공자 선정

65. 〈원주투데이〉(2020. 9. 14.) : 원주천 가동보 설치

66. 〈원주투데이〉(2020. 10. 19.) : 창간 25주년 기획 명품 도보 여행길 개통

67. 〈원주투데이〉(2020. 12. 21.) : 싸리치옛길 복원, 강원숲사랑회 박영지 기고문

68. 〈원주투데이〉(2021. 1. 18.) : 지광국사탑 현 위치 보존해야

69. 〈원주투데이〉(2021. 1. 25.) : '이기원 역사 한 스푼'(2) 사라지는 중앙선

70. 〈원주투데이〉(2021. 1. 25.) : '이기원 역사 한 스푼'(3) 사라지는 백척교

71. 〈원주투데이〉(2021. 2. 1.) : '이기원 역사 한 스푼'

72. 〈원주투데이〉(2021. 3. 15.) : 지광국사탑 3년 더 걸린다

73. 〈원주투데이〉(2021. 5. 17.) : 원주 닥나무생산자협동조합 송종호

74. 〈강원일보〉(2021. 1. 21.) : 법천사지 지광국사탑 10년 만에 돌아와